室内设计实用教程 理想·宅 编

装修设计基础

Decoration design basis

中国电力出版社
CHINA ELECTRIC POWER PRESS

内容提要

本书是一本实用性很强的装修设计百科式图书，内容丰富、涵盖全面。本书共分为六章，内容包含室内设计基础、室内空间格局设计、室内色彩设计、室内照明设计、家具设计以及软装设计。本书除了以设计理论为基础，还结合大量的实景案例，图文并茂地讲解了不同室内空间设计的实用技巧，帮助读者更快、更容易地理解。

本书可作为室内设计师、设计专业的学生或相关培训机构的实用参考书。

图书在版编目（CIP）数据

室内设计实用教程.装修设计基础 / 理想·宅编.
— 北京：中国电力出版社，2021.1
 ISBN 978-7-5198-4783-8

Ⅰ.①室… Ⅱ.①理… Ⅲ.①室内装饰设计—教材②室内装修—建筑设计—教材 Ⅳ.① TU238.2 ② TU767.7

中国版本图书馆 CIP 数据核字（2020）第 123951 号

出版发行：中国电力出版社
地　　址：北京市东城区北京站西街 19 号（邮政编码 100005）
网　　址：http://www.cepp.sgcc.com.cn
责任编辑：曹　巍（010-63412609）
责任校对：黄　蓓　常燕昆
装帧设计：理想·宅
责任印制：杨晓东

印　　刷：北京瑞禾彩色印刷有限公司
版　　次：2021 年 1 月第一版
印　　次：2021 年 1 月北京第一次印刷
开　　本：710 毫米 × 1000 毫米　16 开本
印　　张：14
字　　数：285 千字
定　　价：78.00 元

前言

FOREWORD

　　室内家居设计对于人们的生活至关重要，对室内空间的了解和认识，是进行装修设计的基础。很多设计师面对装修设计所涉及的繁杂项目感觉头疼，但其实装修并没有想象中那么难，只要抓住了整个过程中的核心环节和必要内容，就能完成满意的装修设计。

　　本书由"理想·宅 Ideal Home"倾力打造，是一本实用性很强的室内装修设计百科式图书。本书共分为六章，分别从室内设计基础、格局、色彩、照明、家具和软装六个方面讲解装修中涉及的设计内容。第一章室内设计基础，罗列了进行装修设计时需要具备的基础理论知识，打好扎实基础；第二章室内空间格局设计，通过对户型、动线以及界面的介绍，帮助设计师针对不同功能空间设计出理想的室内空间；第三章室内色彩设计，分析了色彩对于空间的影响；第四章室内照明设计，着重于帮助设计师设计出优秀的光环境；第五章家具设计，通过认识家具以及了解家具的摆放等内容，使读者能够轻松掌握室内空间家具的布置技巧；第六章软装设计，让读者对于软装和软装的搭配布置有更深层次的了解。

　　本书引用大量的实景案例，并加入了丰富的图表形式，旨在令读者更加清晰地理解空间设计的方法和技巧。

编　者

2020 年 10 月

目录

CONTENTS

第五章

家具设计　　157

第六章

软装设计　　189

第一章
室内设计基础

室内空间承载着人们起居、餐饮、休息、家庭娱乐与活动等日常生活功能，与人们的生活密切相关。因此，室内空间设计看似寻常，但又因为针对不同类型的家庭，以及各个家庭在不同时期的不同需求，有着千变万化的空间布局与装饰风格。了解室内设计的要求、内容、原则、流程以及风格流派，能够为室内设计打下扎实的理论基础。

第一节
设计概述

一、设计要求

室内设计的任务是创造理想的室内环境，而怎样的室内环境才算是理想的，这是室内设计的基本要求。

❶ 适用性

室内环境是否适用，涉及空间组织、家具陈设、灯光、色彩等诸多因素，在设计中要注意优化整合，并树立动态发展的观点。

❷ 艺术性

由于不同室内环境的功能和特点不同，对艺术性的要求也不同。一般来说，室内环境必须美观耐看，能够体现一定的氛围，具有一定的风格特征，乃至具有深刻的意境。

❸ 文化性

室内设计成果与人类生活的联系十分紧密，几乎与人的全部生活包括最初级的物质生活及高级的精神生活都有联系。室内设计成果具有丰富的构成要素，无论是建筑空间还是其中的家具等，都是一个文化缩影，因此在进行室内设计时，要积极体现民族、地域的文化。

❹ 科学性

室内设计应该充分体现当代科学技术的发展水平，符合现行规范和标准要求，具有技术和经济上的合理性。根据需求，适时引入先进技术和材料等。

▲ 创造出理想的居住环境是室内设计的基本要求

二、设计内容

室内设计既然以创造理想的室内环境为目的，其内容就必然涉及室内环境的各个方面。

❶ 空间处理

包括在建筑设计的基础上或改造旧房的过程中，调整空间的形状、大小、比例，并根据业主需求来设定空间的开敞性或封闭性，在实体空间中进行空间的再分隔，解决多个空间组合过程中出现的衔接、过渡、统一、对比、序列等问题，并处理好内部空间与外部空间的关系。

❷ 家具陈设

包括设计或选择家具与设施，并按使用要求和艺术要求进行配置。设计或选择各种织物、地毯、日用品和工艺品等，使它们的配置符合功能要求、审美要求和环境的总体要求。

❸ 界面装修

包括对底界面、侧界面、垂直界面、主要构件和部件进行造型设计和构造设计，确定它们的材料和做法。

❹ 装饰美化

包括设计或选择壁画、绘画、书法、挂毯、挂饰、雕塑和小品等，并合理地进行配置。

❺ 灯具照明

确定照明方式，选择或设计灯具，并合理地进行配置。

❻ 自然景物

包括设计石景、水景和绿化，直至设计规模较大的内庭。

▲ 室内设计涉及较多的专业领域，在设计时需要融会贯通，协调多个方面达成和谐一致

三、设计原则

室内设计是技术和艺术的结合，在设计过程中涉及众多学科，其设计原则也涉及多方面的内容。

❶ 功能性原则

室内设计的功能体现在物质和精神两个方面。从物质方面来讲，主要满足人的生活使用需求，设计师在进行室内设计时，需要把满足人的生活需求放在首位，并以创造良好的室内环境为目的。从精神方面来讲，室内设计除了要满足使用功能，还要能够满足人们的审美需求，也称之为心理功能。

▲ 设计行为有别于纯粹艺术，就是基于功能原则，任何设计行为都有既定的功能需要满足

❷ 安全性原则

安全性原则要求室内装修以及装饰构造必须满足坚固、安全的基本要求，也包括装修材料应选用通过国家绿色环保认证的材料，有毒物质和污染物的释放量应低于国家或行业的标准。

▶ 安全性原则包含结构、材料和构造设计的安全性

❸ 精神性原则

室内设计除了要满足客观的实用需求、使用需求外，还要满足人们主观的精神需求。通过形式上的设计，让居住者在居住空间中得到精神上的审美愉悦感。不同形式的美产生不同形式的感情，使人形成不同的心理反应，并逐渐形成一定的审美标准，产生不同的情感反应。

▲ 室内设计更高层次的目的，是通过应用设计语言符号来表达艺术设计者个体与社会、空间与自我的情感交流

❹ 经济性原则

室内设计不能脱离实际使用功能和设计标准，而盲目地提高设计标准，单纯地追求艺术效果，也会造成资金的浪费；但也不能片面降低设计标准从而影响设计效果。

▶ 追求设计效果的同时也要考虑到装修预算

四、设计步骤

室内设计根据设计的进程,通常可以分为四个阶段,即设计准备阶段、方案设计阶段、施工图设计阶段和设计实施阶段。

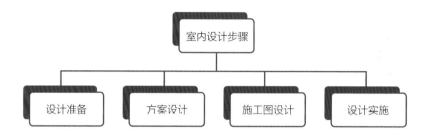

① 设计准备阶段

主要内容:接受委托任务书,签订合同或者根据标书要求参加投标;明确设计期限并制订设计计划进度安排,考虑各有关工种的配合和协调。

设计要求:明确室内设计任务的使用性质、功能特点、设计规模、等级标准、总造价;根据设计任务的使用性质所需创造的室内环境氛围、文化内涵或艺术风格等。

注意事项:在签订合同或制定投标文件时,还包括设计进度安排、设计费率标准(通常为4%~8%)。设计费也有按工程量来计算收取的。

② 方案设计阶段

方案设计阶段是在设计准备阶段的基础上,进一步收集、分析、运用与设计任务有关的资料与信息,进行初步方案设计。

初步文案的文件:平面图(常用比例为1:50、1:100)、室内立面展开图(常用比例为1:20、1:50)、平顶图或仰视图(常用比例为1:50、1:100)、室内透视图、室内装饰材料实样版面、设计意图说明和造价概算。

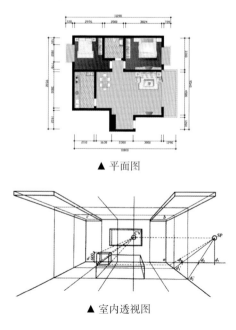

▲ 平面图

▲ 室内透视图

❸ 施工图设计阶段

施工图设计阶段需要补充施工所需的平面图、室内立面图和顶面图等图纸，还需要构造节点详图、细部大样图及设备管线图，并编制施工说明和造价预算。

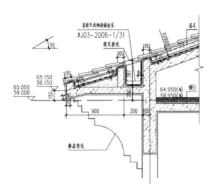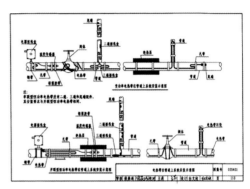

▲ 构造节点详图和设备管线图

❹ 设计实施阶段

主要内容：向施工单位进行设计意图说明及图纸的技术交底，工程施工期间按图纸核对施工实况，有时还需根据现场实况提出对图纸的局部修改或补充意见。

设计要求：为了使设计取得预期效果，室内设计人员必须抓好设计各阶段的环节，充实设计、施工、材料、设备等各个方面内容，并熟悉、重视与原建筑物的建筑设计、设施设计的衔接，同时还须协调好与建设单位和施工单位之间的相互关系，在设计意图和构思方面进行沟通达成共识，以期取得理想的工程成果。

▲ 设计实施阶段也要注意抓住每个环节，避免影响设计效果的呈现

第二节
流派与风格

一、常见设计流派

　　室内设计的流派和风格，主要是对室内场景和人的心理进行设计。室内设计运用事物色彩、方位、属性、形状、布局、造型来表现和谐美观，属室内环境中的艺术造型和精神功能范畴。现代室内设计从所表现的艺术特点分析，也有多种流派，主要有高技派、光亮派、新洛可可派、风格派、超现实派、解构主义派、装饰艺术派、新装饰主义。

❶ 高技派

　　意义：是突出当代工业技术的光辉成就，并在建筑形体和室内环境设计中加以炫耀，崇尚"机械美"。

　　特点：在室内暴露梁板、网架等结构构件以及风管、线缆等各种设备和管道，强调工艺技术与时代感。

▲ 法国巴黎蓬皮杜国家艺术与文化中心　　　　▲ 香港中国银行

❷ 光亮派

含义：光亮派也称银色派，室内设计中彰显新型材料及现代加工工艺的精密、细致及光亮的效果。

特点：往往在室内大量采用镜面及平曲面玻璃、不锈钢、磨光的花岗石和大理石等作为装饰面材。室内环境的照明方面，常使用折射、反射等各类新型光源和灯具，在金属和镜面材料的烘托下，形成光彩照人、绚丽夺目的室内环境。

▶ 澳门新葡京酒店

▲ 玻璃隔断、不锈钢家具的使用令空间现代感十足

❸ 白色派

白色派的室内环境朴实无华，室内各界面以及家具等常以白色为基调，简洁明朗。

▲ R·迈耶白色派建筑

▲ 白色派室内环境只是活动场所的"背景"，因而在装饰造型和用色上不做过多渲染

❹ 新洛可可派

含义：洛可可原为 18 世纪盛行于欧洲宫廷的一种建筑装饰风格，以精细轻巧和繁复的雕饰为特征。

特点：新洛可可传承了洛可可繁复的装饰特点，但装饰造型的"载体"以及加工技术却运用现代新型装饰材料和现代工艺手段，从而具有华丽而略显浪漫、传统仍不失时代气息的装饰氛围。

▶ 新洛可可派常使用地毯和款式华丽的家具，以营造光彩夺目、豪华绚丽、人动景移、交相辉映的气氛

▲ 新洛可可派重视灯光的效果，特别喜欢用灯槽和反射灯

⑤ 风格派

含义：风格派起始于 20 世纪 20 年代的荷兰，以画家 P·蒙德里安等为代表的艺术流派，强调"纯造型的表现""要从传统及个性崇拜的约束下解放艺术"。风格派认为"把生活环境抽象化，这对人们的生活就是一种真实"。

特点：对室内装饰和家具经常采用几何形体，以及红、黄、蓝三原色，间或以黑、灰、白等色彩相配置，在色彩及造型方面都具有极为鲜明的特征与个性。建筑与室内常以几何方块为基础，对建筑室内外空间采用内部空间与外部空间穿插统一构成为一体的手法，并以屋顶、墙面的凹凸和强烈的色彩对块体进行强调。

▲ 赫里特·里特费尔德的红蓝椅

◀ 荷兰海牙市政府

◀ 以"红、黄、蓝"为主题，将艺术融合到了住宅空间中

6 超现实派

含义：超现实派追求所谓超越现实的艺术效果，在室内布置中常采用异常的空间组织，曲面或具有流动弧线的界面。

特点：浓重的色彩，变幻莫测的光影，造型奇特的家具与设备，有时还以现代绘画或雕塑来烘托超现实的室内环境气氛。超现实派的室内环境较为适应具有视觉形象特殊要求的某些展示或娱乐的室内空间。

▲ 扎哈·哈迪德——望京 Soho

▲ 不规则顶面造型、雕塑装饰、梦幻的灯光效果、奇特造型家具等融合成超现实感的室内环境

❼ 解构主义派

含义： 解构主义是 20 世纪 60 年代，以法国哲学家 J. 德里达为代表所提出的哲学观念，是对 20 世纪前期欧美盛行的结构主义和理论思想传统地质疑和批判。

特点： 建筑和室内设计中的解构主义派对传统古典、构图规律等均采取否定的态度，强调不受历史文化和传统理性的约束，是一种貌似结构构成解体，突破传统形式构图，用材粗放的流派。

▲ 古根海姆博物馆

▲ 尼尔·里博斯金的犹太人博物馆

⑧ 装饰艺术派

含义：诞生于 20 世纪 20 年代，在 20 世纪二三十年代迅速传遍欧美，波及世界各地。一提到 Art Deco 风格，人们很容易想起那些摩登时代精神的建筑：呈阶梯状收分，注重装饰，喜欢采用放射状等。

特点：装饰艺术派善于运用多层次的几何线型及图案，重点装饰于建筑内外门窗线脚、檐口及建筑腰线、顶角线等部位。近年来一些宾馆和大型商场的室内，出于既具时代气息，又有建筑文化的内涵考虑，常在现代风格的基础上，在建筑细部饰以装饰艺术派的图案和纹样。

▲ 克莱斯勒大楼

▲ Art Deco 的设计中有着各种几何图形，形成一种凝练简洁的美感

▲ 帝国大厦

❾ 新装饰主义

含义： 新装饰主义注入了新概念、新材质、新工艺，有别于传统装饰主义的穷其华丽，更重视实用、典雅与品位。

特点： 常采用亮光漆、天然木皮或科技木、不锈钢、彩色玻璃、银箔、毛皮等，混搭的艺术品和饰品地域性强，例如，中国瓷器、东南亚棉麻、非洲原始艺术雕饰、欧洲古典主义家饰等。近年来，意大利米兰国际家具家饰大展也可以感受到这股国际设计美学风向。

▲ 运用东方华丽、艺术、时尚的元素，将生活形态和美学意识进行转化，赋予空间轻奢的文化内涵

▲ 在呈现精简线条的同时，又蕴含奢华感，通过异材质的搭配，向"人性化"的表现方式发展

二、常见室内风格

　　形成一个室内风格，涉及的因素很多，如色彩、建材、装饰、形态等，不同的家居风格对于元素的应用也千差万别，这就需要设计师系统了解每种风格的特点，以及类似风格之间的差异，只有深入了解每种家居风格的特点，以及常用设计元素，才能呈现理想家居。

❶ 现代风格

混材创意茶几　　落地钓鱼灯　　L形沙发　　　板式柜体

材料

- 尊重材料的特性
- 选材更加广泛
- 讲究材料自身的质地和色彩的配置效果

家具

- 家具线条简练，无多余装饰
- 柜子与门把手设计尽量简化

配色

- 可将色彩简化到最小程度
- 也可使用强烈的对比色彩

装饰

- 装饰体现功能性和理性
- 简单的设计中，也能感受到个性的构思

形状图案

- 用直线表现现代的功能美
- 以简洁的几何图形为主
- 也可利用圆形、弧形等，增加居室造型感

② 简约风格

材料	家具	配色	装饰	形状图案
● 用材简单，不会用过多的材料搭配 ● 与美观度相比，更注重实用性	● 不占空间，折叠、多功能等为主 ● 力求为家居生活提供便利	● 常大面积使用白色 ● 常用纯色或流行色装点空间	● 尽量简约，但要到位 ● 以实用性为主	● 简洁的直线条最能体现其风格特征

鱼线形吊灯　　　多功能书架　　　　　布艺沙发　　　黑白装饰画　　　纯色地毯

❸ 北欧风格

材料	家具	配色	装饰	形状图案
● 保留材质的原始质感	● "以人为本"是家具设计的精髓 ● 完全不使用雕花、纹饰	● 讲究浑然天成 ● 使用黑、白、灰营造强烈效果 ● 浅淡的色彩	● 注重个人品位和个性化格调 ● 装饰不多，但很精致	● 注重流畅的线条设计 ● 只用线条、色块区分点缀 ● 完全不用纹样和图案装饰

蛋椅　　无色系简约吊灯　　白漆木桌　　几何图案地毯　　　　　　　照片墙

④ 工业风格

材料	家具	配色	装饰	形状图案
● 保留原有建筑材料的部分容貌 ● 材料呈现粗糙、粗犷的质感	● 从细节上彰显粗犷、个性的格调 ● 金属集合物，有焊接点、铆钉等明显暴露在外的结构组件	● 突显颓废与原始工业化 ● 冷静的色彩搭配 ● 避免使用色彩感过于强烈的纯色	● 多见水管造型的装饰 ● 擅用身边的陈旧物品	● 给人视觉上的冲击力 ● 有特色的构造结构

金属框架实木茶几 　　　　皮沙发 　　　　　　　　　　做旧吧台 　　　　　　　创意装饰画

⑤ 中式古典风格

水墨画　宫灯　　明清家具　　青砖地面　　瓷器摆件

材料
● 以木材为主要建材
● 充分发挥木材的物理性能
● 创造出独特的木结构或穿斗式结构

家具
● 带有中式古典风格
● 讲究"对称原则"

配色
● 运用色彩装饰手段营造意境
● 善用皇家色

装饰
● 追求修身养性的生活境界

形状图案
● 引用我国传统木构架建筑
● 镂空类造型是中式家居的灵魂

⑥ 新中式风格

材料	家具	配色	装饰	形状图案
● 主材常取材于自然 ● 也不必过于拘泥，可与现代材质巧妙兼糅	● 线条简练的中式家具 ● 现代家具与古典家具相结合	● 色彩自然、搭配和谐 ● 以苏州园林和京城民宅的黑、白、灰色为基调 ● 以皇家宫廷建筑的红、黄、蓝、绿等为局部色彩	● 装饰细节上崇尚自然情趣	● "梅兰竹菊"图案常作为隐喻 ● 广泛运用简洁硬朗的直线条

实木框架布艺沙发　　　　仿古台灯　　　　茶具　　　　山水组合画

7 欧式古典风格

大幅油画　水晶烛台吊灯　镀金雕花茶几　　流苏边布艺靠枕

材料

- 建材与家居整体风格构成相吻合
- 石材拼花最能体现其风格的雍容、大气

家具

- 厚重凝练、线条流畅
- 细节处雕花刻金
- 完整继承和表达风格的精髓

配色

- 色彩鲜艳、浓烈，光影变化丰富
- 表现出古典风格的华贵气质
- 广泛运用黄色系

装饰

- 多使用欧式图案
- 常见古典风格装饰或物件

形状图案

- 具有造型感
- 少见横平竖直，多带有弧线
- 涡卷与贝壳浮雕是常用的装饰手法

8 简欧风格

现代水晶吊灯　　金属装饰镜　　欧式花艺　　曲线餐椅

材料

- 常采用石材，色彩淡雅
- 保留欧式古典风格的选材特征，但更简洁

家具

- 简化家具线条，更具有现代气息
- 保留传统材质和色彩的大致风格
- 摈弃过于复杂的肌理和装饰

配色

- 常选用白色或象牙白做底色
- 多选用浅色调

装饰

- 注重空间整体装饰效果
- 用室内陈设品来增强历史文化特色
- 用古典陈设品来烘托室内氛围

形状图案

- 形状与图案以轻盈优美为主
- 曲线少，平直表面多

⑨ 美式乡村风格

材料	家具	配色	装饰	形状图案
● 运用天然木、石等材质的质朴纹理	● 颜色多用仿旧漆 ● 实用性较强 ● 体积庞大，质地厚重	● 以自然色调为主 ● 比邻乡村色彩搭配	● 带有岁月沧桑的配饰 ● 自然韵味的绿植、花卉	● 多有地中海样式的拱门 ● 以随意涂鸦的花卉图案为主流特色

皮面餐椅　　　　　铁艺吊灯　　古朴花器　粗犷的实木餐桌

⑩ 法式宫廷风格

罗马帘　华丽的水晶吊灯　造型繁复的装饰镜框　　猫脚家具　　石膏装饰线

材料

● 注重材料造型
● 天然材料作为主材料或装饰材料

家具

● 强调家具与墙面造型的呼应
● 尺寸纤巧，讲究曲线和弧度
● 略带复古处理的漆面
● 极其注重脚部、纹饰等细节的设计

配色

● 追求色彩和内在联系
● 注重色彩和元素的搭配
● 背景颜色多以淡雅色彩为主

装饰

● 繁复、华丽的布艺装饰
● 描金边的工艺品

形状图案

● 线条细腻，细节设计上更加精致
● 呈现欧式花纹纹理

⑪ 法式乡村风格

材料	家具	配色	装饰	形状图案
● 运用洗白手法真实呈现木头纹路的原木材质 ● 色彩艳丽的材料	● 摒弃奢华、繁复，但保留了纤细美好的曲线 ● 线条富于张力，细节华丽	● 柔和、高雅的配色设计 ● 擅用浓郁色彩营造出甜美的女性气息	● 充满淳朴和清雅的气氛 ● 色彩靓丽或有雕琢精美的花纹	● 尽量避免使用水平线 ● 力求体现丰富的变化

法式灯具   蕾丝餐布   做旧家具

⑫ 田园风格

材料	家具	配色	装饰	形状图案
● 取材天然 ● 实木材质涂刷较少清漆 ● 一般在材料的表面涂刷有色漆	● 讲求舒适性 ● 多以白色为主 ● 相互搭配的家具应具有同样的设计细节	● 明媚的配色 ● 带有自然气息的色调 ● 强调色彩的深浅变化与主次变化	● 精细的后期配饰融入设计风格之中 ● 样式复古的造型	● 碎花图案的大量运用

花卉壁纸　　　白色四柱床　　　花鸟装饰画　　带花边床品　　　　　　　花卉图案布艺座椅

⑬ 地中海风格

仿古砖　　彩绘玻璃吸顶灯　　原木茶几　　条纹沙发

材料

● 材质讲求质朴、自然
● 马赛克和白灰泥墙的运用广泛

家具

● 做旧处理的家具
● 集装饰与应用于一体
● 低矮、柔和的家具
● 低彩度、线条简单，且修边浑圆的木质家具

配色

● 以清雅的白蓝色为主
● 来自大自然最纯朴的色彩
● 纯美、自然的色彩组合

装饰

● 以海洋风的装饰元素为主
● 少有浮华、刻板的装饰
● 常用绿植做装饰

形状图案

● 不修边幅的线条
● 流畅的线条，常见圆弧形

⑭ 东南亚风格

实木茶几　　　泰丝靠枕　浮雕壁挂　　椰壳板背景墙

材料

● 广泛地运用天然材料

家具

● 常使用实木、棉麻以及藤条材质
● 以纯手工编织或打磨为主
● 多数涂一层清漆作为保护
● 明朗、大气的设计

配色

● 大胆用色，并配以局部点缀
● 运用夸张艳丽的色彩冲破视觉上的沉闷
● 色彩回归自然
● 统一中性色系

装饰

● 别具一格的东南亚元素

形状图案

● 以热带风情为主的花草图案
● 具有禅意风情的图案

⑮ 日式风格

材料	家具	配色	装饰	形状图案
● 将自然界的材质大量运用于居室	● 家具低矮且数量不多 ● 设计合理、形制完善，符合人体工学	● 多偏重于原木色 ● 沉静的自然色彩	● 和风传统节日用品	● 简洁的造型线条 ● 较强的几何立体感

藤编地毯　　　　障子格栅门　　　　藤质吊灯　　　　实木茶几　　　　蒲团　　　　木框架布艺沙发

⑯ 港式风格

个性造型金属吊灯　彩色玻璃摆件　造型吧椅　不锈钢吧台

材料

● 追求材质创新，大量运用新型环保材料

家具

● 奢华感的金属家具被大量运用

配色

● 配色冷静、深沉，不追求跳跃色彩
● 常用无色系作为大面积配色
● 大量运用金属色
● 几乎不会采用对比色

装饰

● 色彩和材质可以多样化
● 将金色的设计理念延续到装饰品中

形状图案

● 线条简单大方，切不可花哨
● 开放式的空间结构

第二章
室内空间格局设计

空间格局的设计直接影响着人们居住感受，不理想的格局会给人带来不好的居住感受，因此在对室内空间格局进行设计时，一定要把握住基本的居住需求，才能设计出令人感觉舒适的空间。

第一节
户型设计

一、常见户型与布置方式

　　户型又叫房型，是指房屋的类型，按照面积又可分为小户型、中户型和大户型。好的户型一般要求采光好、通风流畅，朝向的选择通常以朝南为最佳。在进行空间设计时，针对不同户型的特点，设计重点也各不相同。

① 常见户型

（1）小户型

　　面积标准：使用面积不应小于 $22m^2$。

　　设计重点：简洁和实用并存，注意空间的规划，不能随意摆放家具和物品，这样会让房子看起来非常拥挤而且凌乱。

　　隔断设计：可以运用橱柜作为隔屏，在隔出其他空间的同时，还要尽量使用透光的质材，会令室内更加明亮。

　　色彩设计：以柔和亮丽的色彩为主色调，浅色调或中间色具有扩散性和后退性，能延伸空间，令空间看起来显得更大。

　　家具布置：宜使用造型简单、质感轻、小巧的家具，尤其是那些可随意组合、拆装、收纳的家具比较适合小户型。

▲ 利用木条作为卧室与客厅的分界，能令光线自由通过，使居室更显宽敞

（2）一居室

面积标准：使用面积不应小于 30m²。

设计重点：需要合理地利用空间，满足多种功能。墙面避免繁复造型，可选择一面墙来做主题墙设计；地面可采用木地板来增加温暖质感；顶面造型也不宜过于复杂，可用灯光调整氛围。

色彩设计：根据居住人群不同，在色彩设计方面也略有不同，可以根据业主自身的喜好来选择家居配色。

家具布置：家具不宜过多，满足基本生活需要即可，也可以选择具有强大收纳功能的家具，可以节省空间。

配饰设计：软装饰品以简洁为主，数量不易太多，但要精致、独特，或能兼备实用功能。除此之外，也可以选择有反射作用的镜面装饰装点居室，镜面的镜像作用具有视觉上扩大空间的效果，令居室看起来更加宽敞、明亮。

◀ 选择组合型家具可以节省不少空间

◀ 利用电视背景矮墙作为分隔，将客厅与餐厨分隔，整体既不会显得凌乱，又能满足功能需求

（3）两居室

面积标准：大致在 50~100m²。

设计重点：合理搭配材料、和谐配色、适当地布置家具依然是其设计要点。

色彩设计：两居室的居住对象常为新婚夫妇、三口之家或儿女已成家的中老年夫妇，因此在色彩设计上可以更多地展现温馨感。

家具布置：两居室的家庭一般都会有较多的社交活动，因此可以在餐厅与厨房的过渡地段设计摆放带有聚会功能的家具。

配饰设计：两居室配饰相较于一居室，样式上的选择较为多样，但也要根据空间整体风格来选择，而不是一味地堆砌。

▲ 简单却蕴含小心机的墙面设计，通过材质和色彩的搭配，形成简洁舒适的两居室空间

（4）三居室

面积标准：大致在 90 ~ 140m²。

设计重点：三居室具有较充裕的居住面积，可以按较理想的功能划分方案来区划居室空间，各自相互独立，不再彼此干扰。

色彩设计：由于面积较大，所以在色彩的设计上也可以不用避讳大面积使用深色系色彩，反而可以显得大气而沉稳。

家具布置：在布置上可以按照功能需求划分居室空间，各家庭成员可以按自己的喜好布置各自的房间。

配饰设计：选择更加丰富，除了小型工艺品，也可适当加入体积较大的装饰物件，可以根据个人的喜好，结合整体空间风格，选择不同的软装饰品。

▲三居室在布置上可以按较理想的功能划分来规划居室空间

▲ 三居室中面积较大的卧室可以在室内摆放休闲座椅和床尾凳，从细节上为居室增添品质、格调

（5）跃层

户型优点：提供优质的采光、通风；面积较大，布局紧凑；功能明确，相互干扰较小。

户型缺陷：户内楼梯要占去一定的面积；二层一般不设有通口，存在安全隐患；上下楼对于老人、儿童不方便；房屋装修总价较高。

设计重点：有足够的空间可以分割，可按照主客之分、动静之分、干湿之分的原则进行功能分区，避免相互干扰。

空间分配：首层一般安排起居、厨房、餐厅和客卫，如果条件允许，还会有一间卧室；二层安排卧室、书房、主卫等。

注意事项：跃层总高度一般为 5.6m 左右，为了避免压抑感，二层的卧室净高应不小于 2.3m。

▲ 跃层设计功能分区明确合理，避免相互干扰，一楼一般以客厅、餐厅和厨房等公共空间为主

（6）复式

户型优点：平面利用系数高，可使住宅的使用面积提高 50%~70%；适合大家庭居住，既满足了隔代人的相对独立性，又达到了相互照应的目的。

户型缺陷：夹层设计势必会对住宅层高造成一定的影响；楼梯设计尤为费心，因空间开阔，需设有必要的防护措施，否则对老人、儿童生活具有潜在的危险性；复式装修大部分依赖木质装修材料，隔音性能差、防火性能不佳。

设计重点：要充分考虑到复式房之中对自然光的利用。

空间分配：卧室、书房等安静私密的空间可以设置在楼上，客厅、厨房等生活会客区域可以设在楼下。

▶ 复式空间常用玻璃材料或反射性强的材料，可以使空间看上去更加宽敞明亮

▶ 通过夹层，可使住宅的使用面积提高

（7）别墅

设计重点：由于建筑设计的局限性，经常会造成别墅空间面积的利用率不均等，这时候，需要在室内设计的过程中做必要的动线调整，以合理的功能安排和布局满足业主对于生活功能的需求。

空间分配：别墅空间有很强的功能性区分，既要保障主客之间的隐私，也要保持相对合适的距离，以免出现照顾不周的情况。从房型上考虑，别墅一般底层为客厅，越往上越是私密空间，尤其是主卧应尽量避免从很开放的空间进入。因此楼梯的位置应与卧室的入口保持适当距离，设置一定的过渡空间。

▲ 丰富的墙面与顶面设计更能凸显别墅户型的大气与豪华

❷ 布置方式

（1）餐食厨房型（DK 型）

① DK 型

含义：厨房和餐厅合用。

适用范围：面积小、人口少的住宅。

平面布置方式：要注意厨房的油烟问题和采光问题。

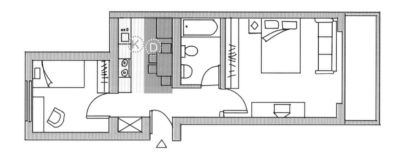

▲ 将厨房操作台与餐桌相结合，既能做饭也能就餐

② D·K 型

含义：指厨房和餐厅适当分离设置，但依然相邻。

适用范围：餐厅、厨房面积较小的住宅。

优势：流线方便，燃火点和就餐空间相互分离，又防止了油烟。

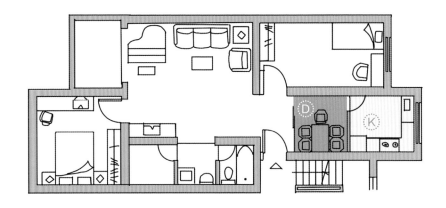

▲厨房与餐厅虽然不在一个空间里，但又相互连通，从厨房到餐厅依然很方便

（2）小方厅型（B·D型）

含义：把用餐空间和休息空间隔离，同时兼作就餐和部分起居、活动功能。

适用范围：经常在人口多、面积小、标准低的情况下使用，多见于老旧的套型中。

优势：起到联系作用，克服了部分功能间的相互干扰。

缺点：间接通风采光，缺少良好视野，门洞在方厅集中。

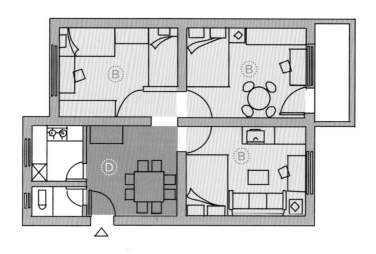

（3）起居型（LBD型）

① L·BD型

这种布置方式是将起居和就寝分离。

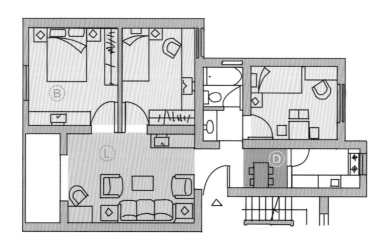

② L·B·D 型

这种平面布置方式将起居、就寝、用餐分离开，各功能区之间干扰较小。

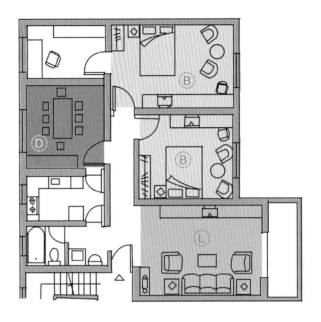

③ B·LD 型

这种布置方式将就寝区独立，用餐和起居放置在一起，动静分区明确，是目前比较常用的一种布置方式。

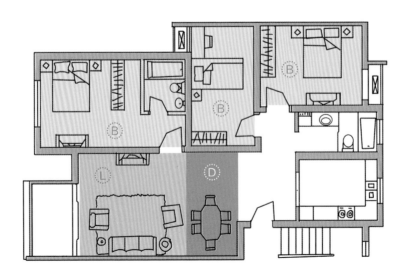

（4）起居餐厨合一型（LDK型）

含义：将起居、餐厅、备餐活动设定在同一空间内，再以此为中心布置其他功能。

适用范围：厨房、餐厅采光较差或大开间。

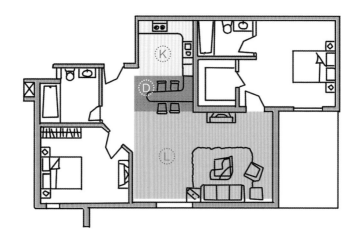

▲客厅、餐厅和厨房结合在一个空间时，要注意，功能区的划分方式要直观。例如以色彩划分、软装分隔，或者通过高低差等方式划分，若划分不清看上会显得很凌乱

（5）三维空间组合

① 复式住宅的布置方式

这种住宅是将部分功能在垂直方向上重叠在一起，充分利用了空间。但需要较高的层高才能实现。

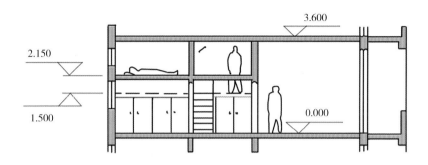

▲ 复式能在有限的空间里增加使用面积，提高房屋的空间利用率

② 跃层住宅的布置方式

跃层是指住宅占用两层的空间，通过户内楼梯来联系各个功能空间。在一些顶层住宅中，也可以将坡屋顶处理为跃层，充分利用空间。

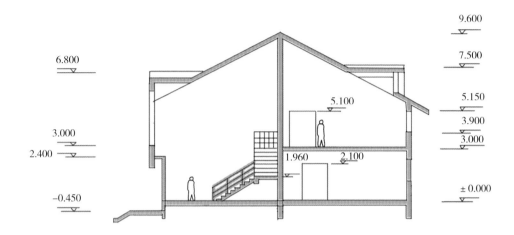

▲ 跃层户内楼梯的选择可以根据室内整体风格和安全性两方面来考虑

③ 变层高的布置方式

　　住宅在进行套内的分区后，将人员多的功能布置在层高较高的空间内，如会客；可以将次要的空间布置在较低的层高空间内，如卧室。

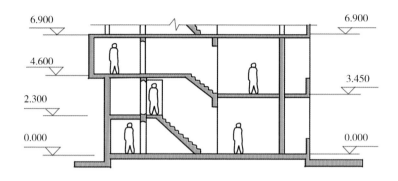

▲ 二层客厅的部分层高较高，而里侧的卧室相对来说层高较低

二、户型优化方案

　　格局设计是室内设计不可或缺的一部分，也是打造好房子的关键。带有缺陷的格局，不仅在设计时较为棘手，而且会给居住者带来不舒服的居住体验。因此，如何将有缺陷的格局有效化解，是家居设计时必须要解决的问题。只要掌握了合适的设计手法，就能巧妙地规避由于格局缺陷所带来的户型设计难题。

① 采光不良

优化方法1：拆除隔墙

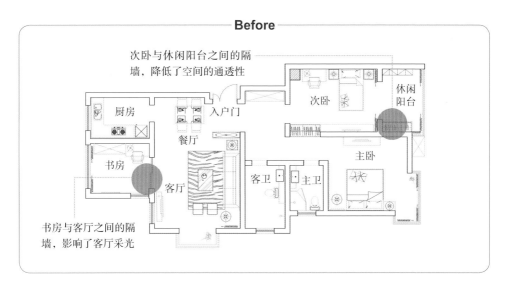

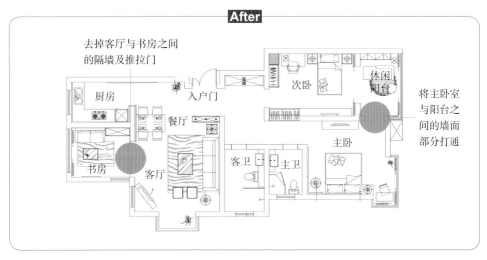

优化方法 2：巧用玻璃推拉门

Before

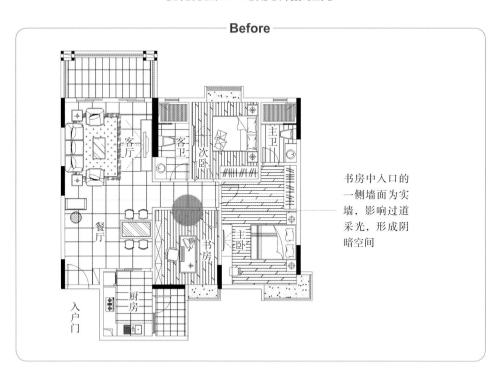

书房中入口的一侧墙面为实墙，影响过道采光，形成阴暗空间

After

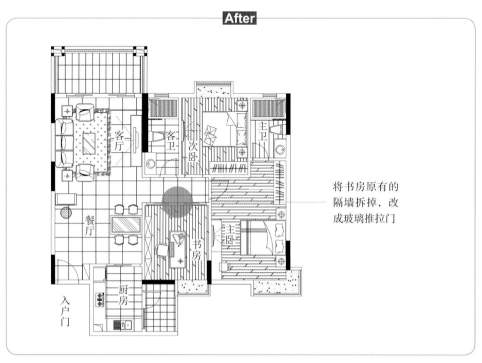

将书房原有的隔墙拆掉，改成玻璃推拉门

② 走道狭长

优化方法 1：打通过道

Before

狭长过道的光线十分灰暗，而且没有实际用途，空间面积浪费得比较严重

After

将过道前半段的三个卧室拆除，阴暗过道消失，整个空间的空气对流变好，空间也因此具有延伸放大的效果

优化方法 2：巧设造型墙

Before

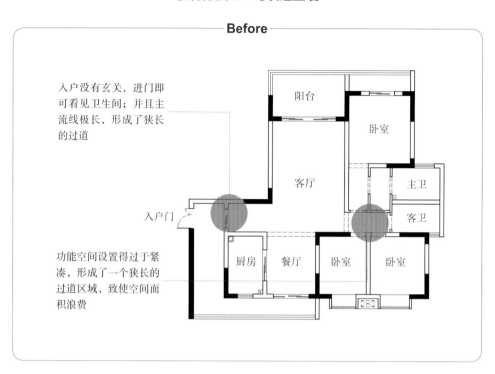

入户没有玄关，进门即可看见卫生间；并且主流线极长，形成了狭长的过道

入户门

功能空间设置得过于紧凑，形成了一个狭长的过道区域，致使空间面积浪费

After

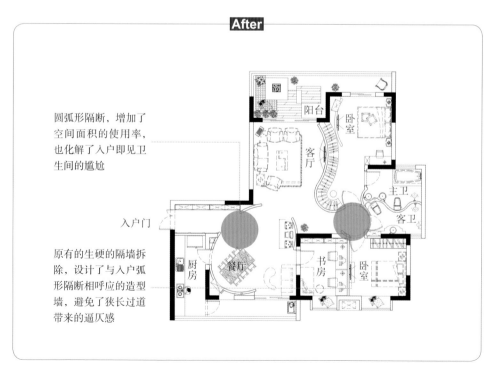

圆弧形隔断，增加了空间面积的使用率，也化解了入户即见卫生间的尴尬

入户门

原有的生硬的隔墙拆除，设计了与入户弧形隔断相呼应的造型墙，避免了狭长过道带来的逼仄感

③ 零小空间

优化方法 1: 巧借临近空间

Before

空间狭小，却要同时具备客厅和餐厅的使用功能，致使空间使用起来较为拥挤

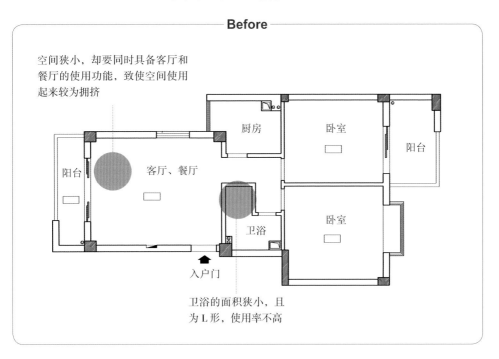

卫浴的面积狭小，且为 L 形，使用率不高

After

阳台与客厅完全打通，最大化地利用了空间，并且令空间的采光更加充足

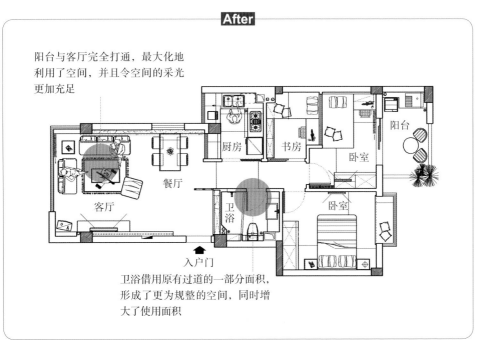

卫浴借用原有过道的一部分面积，形成了更为规整的空间，同时增大了使用面积

优化方法 2：减少隔墙

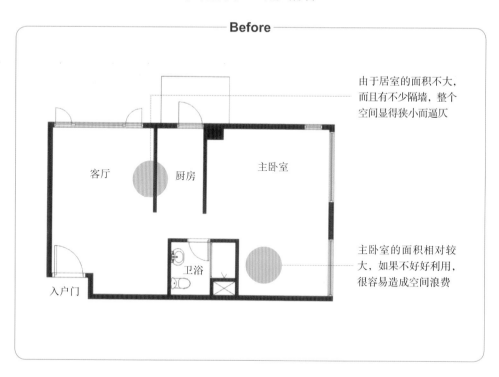

由于居室的面积不大，而且有不少隔墙，整个空间显得狭小而逼仄

主卧室的面积相对较大，如果不好好利用，很容易造成空间浪费

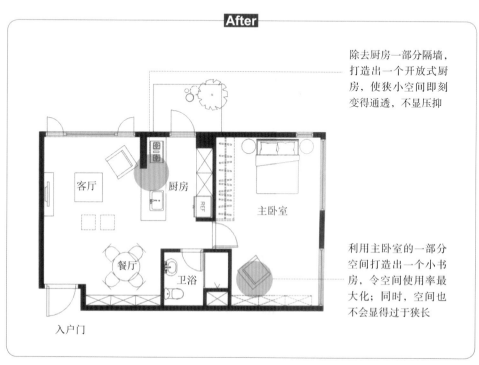

除去厨房一部分隔墙，打造出一个开放式厨房，使狭小空间即刻变得通透，不显压抑

利用主卧室的一部分空间打造出一个小书房，令空间使用率最大化；同时，空间也不会显得过于狭长

❹ 畸形空间

优化方法 1：依据空间斜面拉正空间

Before

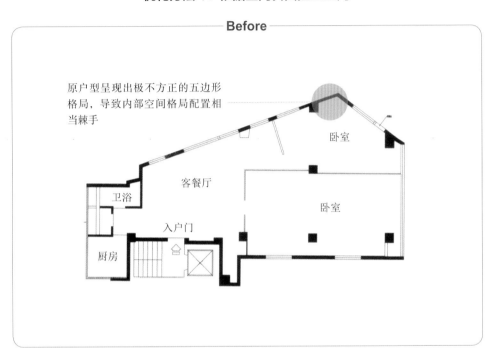

原户型呈现出极不方正的五边形
格局，导致内部空间格局配置相
当棘手

卧室

客餐厅

卫浴

卧室

入户门

厨房

After

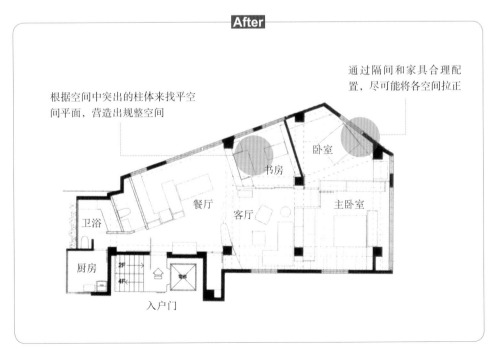

根据空间中突出的柱体来找平空
间平面，营造出规整空间

通过隔间和家具合理配
置，尽可能将各空间拉正

书房

卧室

餐厅

主卧室

客厅

卫浴

厨房

2F
4F

入户门

优化方法 2：造型收纳柜转移焦点

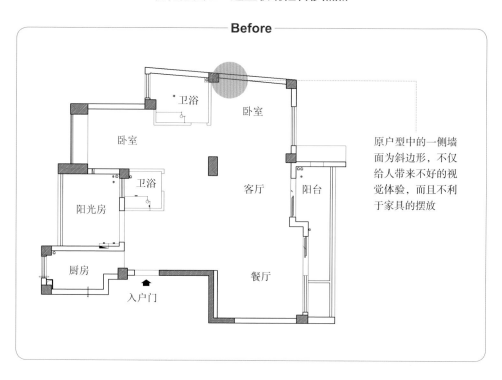

原户型中的一侧墙面为斜边形，不仅给人带来不好的视觉体验，而且不利于家具的摆放

利用造型柜找平墙面，既形成了方正的空间，方便床和床边柜的摆放，又为主卧室增加了一定的储物功能

⑤ 缺乏隐私

优化方法：制作端景墙或隔断屏风

Before

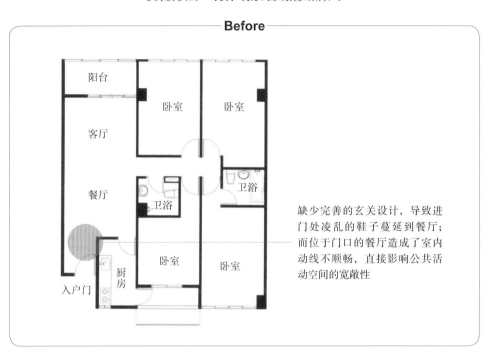

缺少完善的玄关设计，导致进门处凌乱的鞋子蔓延到餐厅；而位于门口的餐厅造成了室内动线不顺畅，直接影响公共活动空间的宽敞性

After

在玄关与餐厅之间运用彩绘玻璃屏风作为内、外区域之间的介质，有效地遮挡了室内环境，同时也具有装饰效果。彩绘玻璃屏风也可用端景墙来替代

第二节
动线规划

一、动线的划分

　　动线，是指日常活动的路线，是在室内设计中经常要用到的一个基本概念。它根据人的行为方式把一定的空间组织起来，通过动线设计分隔空间，从而达到划分不同功能区域的目的。

❶ 按人群划分

　　在家居空间中，常见两种动线分类：家人动线和访客动线。两条动线尽量减少交叉范围，这是动线设计的基本原则，也是户型动线良好的标志。

　　家人动线：也叫居住动线，关键在于私密性，包括卧室、卫生间、书房等空间。这种流线设计要充分尊重主人的生活格调，满足主人的生活习惯。目前流行在卧室里面设计一个独立的浴室和卫生间，就是明确了家人流线要求私密的性质，为人们夜间起居提供了便利。此外，床、梳妆台、衣柜的摆放要适当，不要形成空间死角，避免让人感觉无所适从。

　　访客动线：是指从入户门到客厅的活动路线。访客流线尽量不与家人流线和家务流线交叉，以免在客人拜访的时候影响家人休息或工作。

小贴士

　　目前大多数的流线设计中把起居室和客厅结合在一起，但这种形式也有缺点，即若来访者只是家庭中某个成员的客人，那么偌大的客厅就只属于这两个人，其他家人就得回避，会影响其他家庭成员正常的活动。因此，可在客厅空间允许范围内划分出单独会客室。

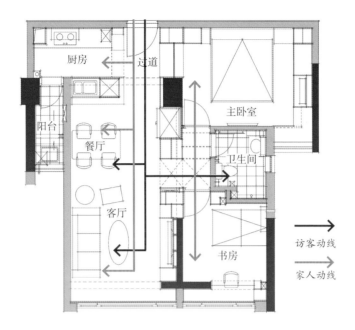

② 按运动的频繁性划分

动线可以分为主动线和次动线，主动线是从一个空间移动到另一个空间的主要动线；次动线是在同一个空间内的琐碎动线与功能性的移动。比如，从客厅到餐厅、厨房，或从主卧到次卧，空间到空间的移动是主动线；而从客厅的沙发处走到电视机处，或从卧室的床走到衣柜处等功能的移动则是次动线。

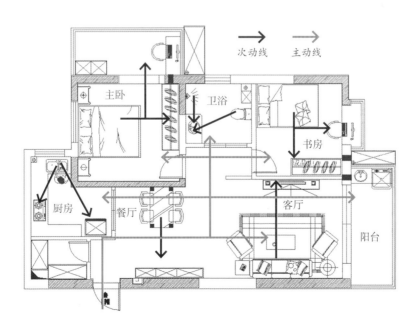

二、动线布局方案

① 根据空间重要性确定主动线

依照空间重要性排列，即按照通常意义上的功能定位对住宅进行大致的功能动线分析。通过草图梳理出主动线的序列，并对不合理的地方进行更改，避免浪费空间。

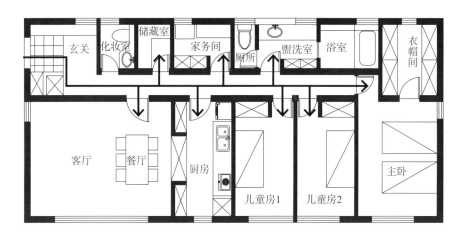

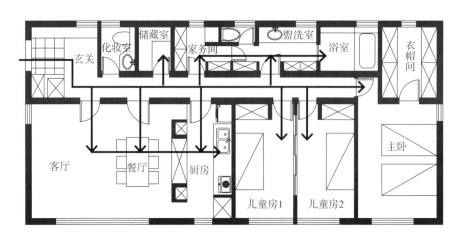

❷ 共用动线，重叠主次动线

动线可分成从一个空间移动到另一个空间的主动线，以及在同一空间内发生的包括移动性与机能性的次动线。而将多个移动性的主动线整合在一个主动线，或者是将移动的主动线与机能性的次动线重叠在一起，都能共用动线。这种方式不仅可以让动线更加明快流畅，还能节省不必要的空间，使空间变大，视觉宽敞度相对也会增加。

（1）主动线 + 主动线的重叠

将空间与空间移动性的主动线尽量重叠，就可以节省空间。例如，从玄关—客厅—主卧—厨房—次卧—书房，本来需要 5 条主动线，现在可以用一条贯穿的主动线来整合这 5 条移动性的主动线，让主动线一直重叠，就能节省空间，创造空间的最大使用效益。

（2）主动线 + 次动线的重叠

　　主动线与次动线重叠，不仅节省空间，更能创造流畅的动线。例如，将从客厅移动到书房的主动线与在客厅使用电视柜时柜子前的次动线整合在一起，就是主动线与次动线重叠。

（3）主动线 + 主动线 + 次动线的重叠

　　将主动线与主动线，以及次动线全部整合在一起，则可打造不管是空间到空间的移动性行走，还是在空间中使用机能上的最佳流畅动线。例如，用一条共用走道整合所有的动线，包含从玄关—客厅—餐厅—厨房—卧室—卫浴间等空间移动到空间的主动线通通整合在这个走道，而这个走道还整合了使用客厅电视与餐厨前面的机能性次动线。

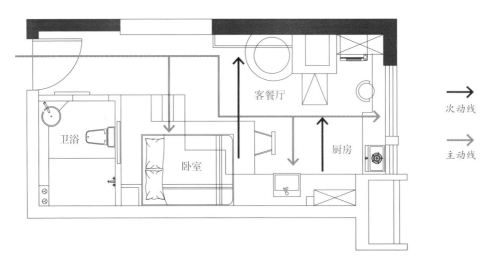

（4）灵活变化的动线

虽然直线动线行走明快、节省空间，但有时反而失去空间变化的趣味性。例如，根据空间格局的特性规划出回字形动线，和直线动线有机结合就能让行走路线有两种变化方式，增强空间转换的趣味性。

▲ 一体式客餐厅采用回字形动线，可以最大化利用空间，同时令行动更顺畅；而贯穿卧室、书房、卫浴和厨房的直线形动线，将室内空间有效串联，前往每一个空间都很便捷

（5）依生活习惯安排空间顺序

每个家庭、每个居住者都有不同的生活习惯，会对空间有不一样的安排，所以便有了不相同的空间顺序，从而导致动线的不一样。因此，在规划动线之前需先了解住宅使用成员的生活习惯，才能做好空间顺序的安排，打造符合居住者使用的顺畅动线。

▼ 如果是在家办公或者在阅读时对于环境的要求比较高的人，独立式的书房可以不容易被打扰；如果对于阅读氛围要求并不高，同时也想在阅读时能兼顾一些其他的活动，比如照看孩子、看电视等，那么可以选择开敞式的书房

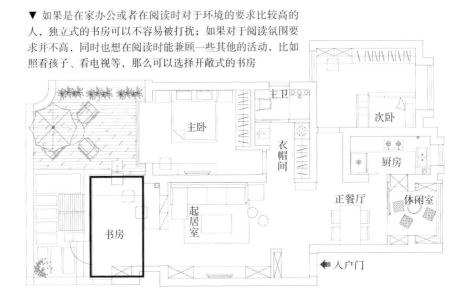

第三节
界面设计

一、设计要求

室内设计时，对底界面、侧界面、顶界面等各类界面的设计应满足安全、健康、实用、经济和美观的要求，具体如下：

- 无毒，主要指有害物质低于核定剂量，并具有无害的核定放射剂量。
- 满足耐久性及使用期限要求。
- 具有一定的耐燃及防火性能，应尽量采用不燃及难燃性材料，避免采用燃烧时释放大量浓烟及有害气体的材料。
- 必要的隔热、保暖、隔声、吸声性能。
- 易于制作安装和施工，便于更新。
- 经济合理。
- 装饰与美观要求。

二、功能特点

对室内界面进行设计时，需要了解各界面的功能及其特点，这样才能使界面设计满足空间需求与审美标准。

顶面（平顶、天棚）：应满足质轻、光反射率高、保温、隔热、隔声、吸声等要求。

底面（楼、地面）：应具有防滑、耐磨、易清洁、防静电等特点。

侧界面（墙面、隔断）：除了挡视线外，应具有较高的保温、隔热、隔声、吸声的要求。

▲ 空间界面既要能满足功能需求，也要符合艺术美感

三、界面造型设计

室内设计当中，界面造型设计是非常重要的内容，好的界面造型设计，不仅取决于材质的选择与构造的独特，还要看其是否对空间氛围的营造起到相应的作用，以满足居住者的心理需求。

① 地面造型

地面作为空间的底界面，是以水平面的形式出现的。由于地面需要用来承托家具、设备和人的活动，因而其显露的程度是有限的。从这个意义上讲，地面给人的影响要比顶面小一些。但从另一角度看，地面又是最先被人的视觉所感知的，所以它的形态、色彩、质地和图案将直接影响室内气氛。

（1）平面式地面造型

通过地面材质或图案的处理来进行地面造型设计，这种造型是平面式的，图案可设计为抽象几何形、具象植物和主题式等。

▶ 餐厅与客厅地面使用相同的平面造型与材质，仅以客厅地毯作为两个空间之间的区分

（2）立体式地面造型

立体式地面造型主要通过地面凹凸形成有高差变化的地面，而凸出、凹下的地面形态可以是方形、圆形、自由曲线形等，使室内空间富有变化。

▶ 餐厨空间相对于客厅空间更高一些，利用地面高低之差，对两个空间进行分区，使空间更有层次感

❷ 顶面造型

现在的吊顶种类风格多样，不同的吊顶适用于不同的层高和房型，营造的风格也不一样。由于不同种类的吊顶对房间的层高和面积大小是有限制的，因此需根据家居整体风格以及预算确定吊顶的种类。

（1）平面式吊顶

平面式吊顶是指表面没有任何造型和层次，这种顶面构造平整、简洁、利落大方。材料一般是以 PVC 板、石膏板、矿棉吸音板、玻璃纤维板、玻璃、饰面板等为材料，照明灯置于顶部平面之内或吸顶上。一般只用于门厅、餐厅、卧室等面积较小的区域。

▲ 这种吊顶方式最为简单非常适合简约风格、北欧风格的空间使用

（2）格栅式吊顶

先用木材制成框架，光源在玻璃上面。这也属于平板吊顶的一种，但是造型要比平板吊顶生动和活泼，装饰的效果比较好。一般适用于居室的餐厅、门厅。它的优点是光线柔和，营造的氛围轻松自然。

▶ 客厅、餐厅与厨房之间以木质格栅吊顶作区分，既有空间感又不影响宽敞度

（3）迭级吊顶

迭级吊顶是局部吊顶的一种。方法是用平板吊顶的形式，把顶部的管线遮挡在吊顶内，顶面可嵌入筒灯或内藏日光灯，使装修后的顶面形成两个层次，不会产生压抑感。若迭级吊顶采用云形波浪线或不规则弧线，一般不超过整体顶面面积的1/3。迭级吊顶是最常见的一种吊顶，可应用于多种风格，一般中式风格会在顶面添加实木线条，欧式风格、法式风格可与雕花石膏线结合。

▲ 迭级吊顶能够增加空间层次感，但对房高要求较高，一般要求在 2.7m 以上

（4）井格式吊顶

井格式吊顶是指吊顶表面呈井字形格子的吊顶，之所以表面能呈现这种效果，是因为吊顶内部有井字梁。这种吊顶一般都会配以灯饰和装饰线条来造型，打造出一个比较丰富的造型，从而合理区分空间。井格式吊顶比较适用于大户型，因为这一个个格子在小户型的空间内会显得比较拥挤。

▲ 井格式吊顶大气恢弘，十分适合欧式风格、法式风格居室

（5）悬吊式吊顶

悬吊式吊顶是将各种板材、金属、玻璃等悬挂在结构层上的一种吊顶形式。这种天花富于变化动感，给人耳目一新的美感。常通过各种灯光照射产生出别致的造型，充溢出光影的艺术趣味。另外，儿童房中也可以悬挂星星、月亮等简单的卡通图案。这种顶面造型适合多种风格。

▶ 悬吊式吊顶样式多变、材料丰富，赋予空间更多设计感

（6）藻井式吊顶

这类吊顶的前提是，房间必须有一定的高度（高于 2.9m），且房间较大。它的式样是在房间的四周进行局部吊顶，可设计成一层或两层，装修后的效果有增加空间高度的感觉，还可以改变室内灯光照明效果。要求空间最低点大于 2.6m，最高点没有要求。这种吊顶方式一般适用于美式风格、东南亚风格等。

▲ 实木打造的藻井式吊顶，使得空间看上去更显得尊贵不凡

③ 墙面造型

墙面造型最重要的是虚实关系的处理。一般门窗、漏窗、垭口为虚，墙面为实，因此门窗与墙面形状、大小的对比和变化往往是决定墙面形态设计成败的关键。墙面造型设计可以通过墙面图案的处理来进行，如对墙面进行分格处理，使墙面图案肌理产生变化；或采用墙纸、面砖等材料丰富墙面设计。

▲ 通过几何形体与墙面上的组合构图、凹凸变化，构成具有立体效果的墙面装饰

四、常用材料选择

界面设计可以选择的材料很多，可以根据不同的装修档次、室内风格或个人喜好来选择。伴随着装修行业的发展，人们对装饰材料的要求也越来越高，装饰材料的种类也在不断增加，因此需要设计师能选择更环保更美观的装饰材料来装点空间。

① 墙面装饰材料

简单装修常用材料为彩色涂料、手绘墙、壁纸、瓷砖等；中档装修的材料一般为石膏板造型、板材、软包等；高档装修的材料可以选择天然石材，以及多种材料进行搭配。

（1）彩色涂料

彩色涂料是对墙面最简单也是最普遍的装修方式。通常是对墙面进行面层处理，用腻子找平，打磨光滑平整，然后刷涂料，主要是乳胶漆。上部与顶面交接处用石膏线做阴角，下部与地面交接处用踢脚线收口。这种处理简洁明快，房间显得宽敞明亮。

▲ 深绿色墙面与白色顶面搭配，既不会显得沉闷又使空间更丰富

▲ 沙发背景墙与电视背景墙使用了同色调不同色系的颜色，形成既统一又对立的空间效果

（2）壁纸

墙壁面层处理平整后铺贴壁纸。壁纸的种类非常多，色彩、花纹也非常丰富。壁纸脏了，清洁起来也很简单，新型壁纸都可以用湿布直接擦拭。壁纸用旧了，可以把表层揭下来，无须再处理，直接贴上新壁纸就可以了，非常方便。

▲ 图案丰富的壁纸使卧室氛围活跃起来，极具艺术性

（3）手绘墙

手绘墙是用环保的绘画颜料，依照业主的爱好和兴趣、迎合家居的整体风格，在墙面上绘出各种图案以达到装饰效果。一般来说，居室内选择手绘墙作为电视背景墙、沙发墙和儿童房装饰的较多。

▲ 手绘墙可以为空间增添自然随性的感觉

（4）墙砖

墙砖大多用于卫浴间和厨房，其色彩、花纹多样，能达到良好的防水和装饰效果。根据不同风格，可选用不同类型的墙砖，简约风格可选择浅色系的，如米黄色系、白色系的抛光砖；田园风格可选择哑光仿古砖。

▶ 厨卫空间墙面常使用墙砖设计，易于清洁又有不错的装饰效果

（5）石膏板造型

　　石膏板具有质量轻、强度高、加工方便、良好的防火性以及隔声、隔热等特点，因此石膏板电视背景墙变得较为流行。石膏板造型特别是新型树脂仿型饰面防水石膏板，板面覆以树脂，饰面仿型花纹，其色调图案逼真，新颖大方，可用于装饰墙面，做护墙板及踢脚板等，是代替天然石材和水磨石的理想材料。另外，石膏板造型还可以与涂料、艺术玻璃、壁纸等多种材料结合使用。

▲ 中式风格的石膏板墙面造型运用禅意图案，使空间意境更为深刻

▲ 带有欧式雕花的石膏板不仅拥有显而易见的装饰风格，而且能为空间增添立体感

（6）软包

软包是指一种在室内墙面用柔性材料加以包装的墙面装饰方法。软包所使用的材料质地柔软、色彩柔和，能够柔化整体空间氛围，其纵深的立体感亦能提升家居档次。尤其适用于卧室背景墙或家里有小孩的空间。

▲ 软包造型使无色系的空间不再单调，材质、造型的变化赋予卧室变化性

（7）石材

一种是文化石饰墙：用鹅卵石、板岩、砂岩板等砌成一面墙。文化石吸水率低，耐酸，不易风化，吸声效果好，装饰性很强，主要用于客厅装饰。另一种是石膏板贴面：石膏板上雕有起伏不平的砖墙缝，贴在墙壁上凹凸分明，尤其是用灯光一照，层次感非常强，装饰效果显著。还可以直接铺贴大理石，作为电视背景墙。

▲ 运用石材设计的电视背景墙，个性十足，无色系的色彩不会过分张扬，石材的硬朗质感与整体风格呼应

（8）板材

墙面整体都铺上基层板材，外贴装饰面板，整体效果雍容华贵，但会使房间显得拥挤。还有一种虽是用密度板等板材整面铺墙，但上面再刷上白色乳胶漆，从外表上看不出是用板材装修的，是利用密度板切割方便、边缘整齐平直的特点，通过板材的拼接来做直线、凹槽等造型，这样处理的墙面既平整、造型细致，又避免了大量使用板材而带来的拥挤感。

▶ 间隙较小的板材排布可以减少对空间的压缩感，金色墙饰的点缀降低了板材的沉闷感觉

▲ 利用板材作为卧室背景墙造型材料，能够打造出随性、质朴的休憩氛围

❷ 地面装饰材料

目前常见的地面装饰材料主要是以下几种：石材瓷砖、复合木地板、实木地板、地毯、塑料地板等。

（1）石材

大理石是室内地面装饰中最常用的一种材料，可以分为天然大理石及人工大理石。天然大理石具有一种天然的美感，质地坚硬，颜色多变，还有多种光泽。人造大理石经过人工处理之后，重量比天然大理石要轻，具有更高的强度，在加工性方面具有独特的优势，能够加工成圆形、弧形等不规则的形状，便于地面的拼花设计，但是在颜色和纹理上不如天然大理石美观。

▲ 人造大理石地面拥有更加丰富的图案和造型，因此十分适合各种风格的居室使用

◀ 天然大理石地面带有天然的美感，带给空间自然、优雅的氛围

（2）塑料地板

　　塑料地板有聚氯乙烯、聚乙烯和硬质、半硬质、软质卷材等几种。硬质板的常用规格为250mm、300mm至500mm见方，软质卷材（一般称为地板革）为3000mm×800mm×2mm等。它具有耐磨、耐水、耐腐蚀和阻燃等特点，而且色彩图案丰富，平整光亮，不易积尘并易于清洗，价格便宜，施工简单，适用于走廊、休闲区、餐厅和厨房等地面。

▲ 塑料地板不仅易于铺设，在平常的清洁中也很好打理

（3）拼花地板

　　拼花地板是现代居室中常见的一种地面装修方法，它效果好，铺设方便。拼花地板一般选用硬木板条拼接而成，通过不同的排列方式来组成各种地板图案。其具有保温隔热、透气性好、耐磨、隔声、自然美观等特点。

▶ 拼花地板根据拼接方式的不同可以呈现出不同的地面造型，给空间无形中增添了装饰感

（4）地面涂料、油漆

使用地面涂料不但美观，还可以防止水泥地面起砂，价格较便宜，施工简单。地面涂料的种类很多，常用的有：

"107"地面涂料：这是一种水溶性的、略带橙色的、黏结性能良好的黏结剂。以它配制彩色水泥涂刷地面，光亮、平滑、耐磨、防潮、价格便宜，效果良好。

"109"地面涂料：这是一种以水溶性高分子聚合物为基料的新型涂料。它与普通水泥混合涂刷地面，效果较"107"涂料为优。具有涂层干燥快、不起砂、不开裂、无毒、无味和阻燃等优点，也可以制成假木纹或其他各种装饰图案。

▲ 阳台使用地面涂料既能防水又不影响美观

地板漆：地板漆饰面具有造价低、自重轻、维修更新方便且整体性好的特点。其中水泥地板漆、复古地板漆都可呈现与众不同的效果。

（5）马赛克地面

马赛克又称陶瓷锦砖，是用优质瓷土烧制而成的。分为带釉与不带釉两种。它质地坚硬，经久耐用，色彩丰富，可拼成各式各样的美观图案。并具有耐酸碱、耐火、耐磨、不渗水、易清洗、抗压力强和受气候、温度变化的影响不大等优点。尤其适用于装修卫浴间、厨房地面和墙面。

▶ 黑白马赛克拼成几何图案，非常具有艺术性

第四节
功能空间设计

一、室内空间的功能分区

　　户内功能是居住者生活需求的基本反映，分区要根据其生活习惯进行合理的组织，把性质和使用要求一致的功能空间组合在一起，避免其他性质的功能空间相互干扰。但由于住宅平面受到户型的影响，功能分区也许只是相对的，也会有重叠的情况，如烹饪区和就餐区、起居区和就餐区，设计时可以灵活处理。

1 空间的功能构成

　　室内空间的功能构成基于家庭活动的行为模式，也与各居住成员的具体要求有关，总体而言，室内空间的基本功能分为几个大类：起居会客、烹饪就餐、睡眠休息、盥洗如厕、娱乐休闲、收纳家务等。

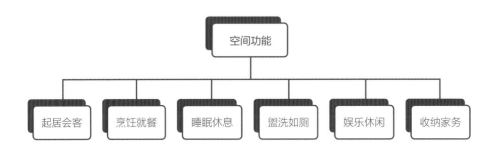

　　起居会客：起居会客的主要场所是客厅，通常是由座位、茶几等巧妙围合而成的场所，通常位于客厅的中心地带。

　　烹饪就餐：厨房和餐厅是烹饪就餐的活动空间，餐厅应和厨房相邻，这样可节约食品供应的时间以及进餐的交通路线。

　　睡眠休息：睡眠需要保证舒适性和私密性，因而卧室是承载这一功能的主体空间。同时，客厅和书房也会承接一部分的休息功能。

　　盥洗如厕：盥洗如厕功能在卫浴间进行，其中功能设备大致分为三类，即洗脸设备、便器设备、淋浴设备。

休闲娱乐：承载休闲娱乐功能的场所常见的有客厅、娱乐室，有的设计也会将娱乐空间打散到各个空间中。

收纳家务：收纳家务这一功能涉及的空间范围较广，动线较为复杂，且由于物质生活的丰富，收纳功能必须具有一定的灵活性。

② 空间的功能分区分类

不同类型的户型在空间规划和平面布局上有一定的区别，越小的室内空间，功能兼顾性越高，由较为简单的起居睡眠与餐饮如厕等基本功能构成；随着空间的增大，功能空间逐渐分化，室内空间越大，功能越细分，可满足居住者除生活基本功能以外的休闲娱乐与精神文化功能。

（1）按空间的使用性质

社交空间	烹饪、就餐空间	休憩空间	盥洗空间	休闲空间	收纳家务空间
客厅 餐厅 书房	厨房 餐厅	卧室	卫生间	书房 家庭影音室 阳台 花园等	衣帽间 储藏室 阳台等

社交空间	休憩空间	烹饪空间	盥洗空间	休闲空间	收纳家务空间

（2）按人活动的私密程度

公共活动空间	私密性空间	介于公共与私密性空间之间	交通空间	家务活动辅助空间
玄关 客厅 餐厅	卧室 书房 卫浴等	书房 多功能房等	玄关 走道 楼梯等	厨房 卫生间等

公共活动空间	私密性空间	介于公共与私密性空间之间	交通空间	家务活动辅助空间

❸ 空间分区要点

室内空间的功能分区要结合居住者的需求和个人特点，再作出具体的划分。但功能分区也要遵循最基本的要求，才能保证居住时的良好体验。

（1）公私分区

公私分区是按照空间使用功能的私密程度的层次来划分的，也可以称为内外分区。一般来说，住宅内部的私密程度随着居住人口数量和活动范围的增加而减弱，公共程度随之增加。住宅的私密性要求在视线、声音、光线等方面有所分隔，并且符合使用者的心理需求。

公共区	半公共区	半私密区	私密区			
玄关	娱乐起居	家务炊事	主人卧室	子女卧室	卫生间	书房

（2）动静分区

　　户型的动静分区指的是客厅、餐厅、厨房等一类主要供人活动的场所，与卧室、书房这一类供人休息的场所分开，互不干扰。动静分区细分有昼夜分区、内外分区、父母子女分区。

　　① 昼夜分区和内外分区

　　动静分区从时间上来划分，就成为昼夜分区。白天的起居、餐饮活动集中在一侧，为动区。另一侧为休息区域，为静区，使用时间主要为晚上。动静分区从人员上划分可分为内外分区。客人区域是动区，相对来说属于外部空间。主人区域是静区，属于内部空间。

動区　　　静区

　　② 父母子女分区

　　父母和孩子的分区从某种意义上来讲也可以算作动静分区，子女为静，父母为动，彼此留有空间，减少相互干扰。

動区　　　静区

二、功能空间尺度需求

居住空间关系到人们的居住水平和切身利益，为了保证住宅设计质量，我国修订了一系列规范来保证住宅的舒适性和规范化。

① 玄关空间尺度需求

作用：是室内室外的连通区域，承担着空间过渡的作用，在不同空间的转换中形成良好的过渡效果。

要求：应有足够的空间用以弯腰或坐下换鞋或伸展更衣，同时还要保证有合适的视距以便居住者照镜整理服装，并且具有足够的储藏空间。

尺度需求：通常来说，当套内面积在 $40\sim90m^2$ 时，玄关的最小使用面积为 $0\sim2m^2$，当套内面积在 $90\sim150m^2$ 时，玄关的最小使用面积为 $2\sim4m^2$。玄关的面宽一般为 $1.2\sim2.4m$。

◀ 小套型的玄关可与客厅、餐厅合并，达到空间互借的效果

◀ 大套型的玄关应独立，更好地起到过渡、缓冲的作用，并考虑美学效果

❷ 客厅空间尺度需求

目前的客厅大致分为两种情况，一种是相对独立的客厅，一种是与餐厅二合为一的客厅。其开间尺寸呈现一定的弹性。

客厅面积	客厅面宽	客厅进深
● 客厅相对独立时，其使用面积一般在 15m² 以上； ● 当客厅与餐厅合二为一时，两者的使用面积一般在 20~25m²，共同占用套内面积的 25%~30%； ● 当客厅与餐厅由玄关向两边过渡时，两者加上玄关面积一般在 25~30m²，适合进深较大的套型	● 当面宽受到套内面积限制时，最小可以压缩至 3.6m； ● 客厅的面宽一般在 3.9~4.5m，面积较大的套型可以达到 6m 以上	● 独立的客厅，进深与面宽的比值一般在 5：4~3：2 的范围内； ● 与餐厅集中布置的客厅，进深与面宽的比值在 3：2~2：1 范围内

▲ 客厅的尺度面积对舒适生活有很大的影响

小贴士

我国现行《住宅设计规范》中规定客厅的最低面积标准是 12m²，我国《城市示范小区设计导则》建议为 18~25m²。

❸ 餐厅空间尺度需求

餐厅的尺寸分3~4人就餐，开间净尺寸不宜小于2.7m，使用面积不要小于10m²；6~8人就餐，开间净尺寸不宜小于3m，使用面积不要小于12m²。

▶ 我国现行《住宅设计规范》中规定餐厅的标准最低面积5m²，短边净尺寸不低于2.1m

❹ 主卧空间尺度需求

主卧室的使用面积不应小于12m²，适宜控制在15~20m²范围内，开间一般不宜小于3.3m，一般在3.6~3.9m较为舒适，便于家具的摆放。次卧室面积不小于10m²，面宽不要小于2.7m。

▲ 双人卧室的使用面积不应小于12m²，在一般常见的两房、三房户型中，主卧室的使用面积要适宜，过大的卧室往往存在空间空旷、缺乏亲切感、私密性较差等问题

⑤ 书房空间尺度需求

　　在一般的住宅中，受套型总面积、总面宽的限制，考虑必要的家具布置、兼顾空间感受，书房的面宽虽然一般不会很大，但最好在 2.6m 以上，进深大多在 3~4m。

▶ 若套内面积充足，较大的书房更能满足舒适阅读的需求

⑥ 厨房空间尺度需求

　　厨房按面积划分，大致可归纳为三种：面积在 5~6m^2 的经济型、面积在 6~8m^2 的小康型、面积在 8~12m^2 的舒适型。经济型厨房的操作台总长不小于2.4m、小康型厨房的操作台总长不小于2.7m、舒适型厨房的操作台总长不小于3m。

▶ 厨房的最小面积不能低于 5m^2

⑦ 卫浴空间尺度需求

　　通常卫浴空间的面积尽量不低于 3.5m^2，可布置浴盆或淋浴房、便器、洗脸盆的卫生间一般面积在 3.5~5m^2。舒适型卫生间面积一般在 5.5~7m^2，可布置浴盆、便器、洗脸盆以及洗衣机或淋浴房。

▶ 能满足最基本需求的卫浴间的面积至少要大于 3.5m^2

三、功能空间设计要点

功能空间主要包括客厅、餐厅、卧室、书房、厨房、卫浴等，不同空间需要注意的设计要点各有不同。同时由于户型大小、形状等因素导致了家居空间在设计时需要采用一些设计效果。

① 客厅设计要点

客厅是家居空间中最常使用的空间，因此要以便捷为主，格局需占所有空间的第一位，且面积宜大不宜小，可与弹性空间如餐厅做开放式结合，起到扩大面积的作用。另外，需要注意的是，客厅一定不能选择设置在角落。

▲ 客厅家具围合的方式多样，但基本位于客厅的中心处，满足休闲功能

（1）墙面、地面、顶面选材

客厅的顶面需要保持和整个居室的风格一致，避免造成压抑昏暗的效果。墙面设计则应着眼整体，对主题墙重点装饰，以集中视线。客厅的地面材质要适用于绝大部分或全部家庭成员，不宜选择过于光滑的材料。

▲ 客厅墙面和地面均使用了石材材质，以不同色彩区分，使空间界面既有联系又有区别

（2）色彩设计

客厅色彩是家居设计中非常重要的一个环节，因为从某种意义上来说，客厅配色是整个居室色彩定调的中心辐射轴心。一般来说，客厅色彩最好以反映热情好客的暖色调为基调，颜色尽量不要超过三种（黑、白、灰除外），但如果客厅有充足的日照，也可以采用偏冷的色调。

▲ 客厅的色调主要是通过地面、墙面、顶面来体现的，而装饰品、家具等只起调剂、补充、点缀的作用

（3）照明设计

客厅光线以适度的明亮为主，在光线的使用上多以黄光为主，容易营造出温馨效果，也可以将白光及黄光互相搭配，通过光影的层次变化来调配出不同的氛围，营造特别的风格。

▶ 黄光壁灯与白光筒灯形成独特的光影变化层次

（4）软装应用

可以在客厅多放一些收纳盒，使客厅具有强大的收藏功能，不会看到杂乱的东西摆在较为显眼的地方，如果收纳盒的外表不够统一、不够美观，可以选择漂亮的包装纸贴在收纳盒的表面，这样就实现了实用性与美观并存。尽量避免大的装饰物，如酒柜，以免分割空间，使空间显得更加狭小。

▲ 客厅软装不论是色调还是样式上都有呼应，整体更有和谐感

（5）多功能设计

为了配合家庭各种群体的需要，在空间条件许可下，可采取多用途的布置方式，分设聚谈、音乐、阅读、视听等多个功能区位。在分区原则上，对活动性质类似、进行时间不同的活动，可尽量将其归于同一区位，从而增加活动空间，减小用途相同的家具的陈设，反之，对性质相互冲突的活动，则宜调于不同的区位，或安排在不同时间进行。

▲ 将客厅通过一盏简单的落地灯分隔出视听区与休闲区，以此满足不同需求

② 餐厅设计要点

现如今家居餐厅的设计不光要满足餐食的需求，也要能营造良好的用餐氛围。因此餐厅应该是明间，且光线充足，能带给人进餐时的乐趣。餐厅净宽度不宜小于2.4m，除了放置餐桌、餐椅外，还应有配置餐具柜或酒柜的地方。面积比较宽敞的餐厅可设置吧台、茶座等，为主人提供一个浪漫、休闲的空间。

▲ 面积较大的餐厅可以在餐桌椅旁放置餐边柜，打造愉快、温馨的用餐环境

（1）墙面、地面、顶面选材

餐厅顶面设计应以素雅、洁净材料做装饰，如漆、局部木制、金属，并用灯具作衬托。而餐厅墙面在齐腰位置可以考虑用些耐磨的材料，如选择一些木饰、玻璃、镜子做局部护墙处理，营造出一种清新、优雅的氛围，以增加就餐者的食欲，给人以宽敞感。餐厅地面宜选用表面光洁、易清洁的材料，如大理石、地砖、地板等。

▲ 简洁的顶面设计搭配灰色地砖，整体上明亮、清新，给人以宽敞感

（2）色彩设计

餐厅的色彩一般随客厅来搭配，但总的说来，餐厅色彩宜以明朗轻快的色调为主，最适合的是橙色以及相同色调的近似色。这两种色彩都有刺激食欲的功效，它们不仅能给人以温馨感，而且能提高进餐者的兴致。另外，餐厅墙面可用中间色调，天花板色调则宜浅，以增加稳重感。

▶ 整体白色系餐厅，以金黄色点缀，给人以温馨感，从而提高进餐者的兴致

（3）照明设计

餐厅可利用灯光作为辅助手段来调节室内色彩气氛，以达到利于饮食和愉悦身心的目的。例如，灯具选用白炽灯，经反光罩反射后以柔和的橙色光映照室内，形成橙黄色环境，能有效消除死气沉沉的低落感。

▲ 烛光色彩的光源照明或橙色射灯，使光线集中在餐桌上，也会产生温暖的感觉

（4）软装应用

在对餐厅进行装饰时，应当从建筑内部把握空间。一般来讲，就餐环境的气氛要比睡眠、学习等环境轻松活泼一些，装饰时最好注意营造一种温馨祥和的气氛，以满足业主的聚合心理。例如，可以在餐厅的墙壁上挂一些如字画、瓷盘、壁挂等装饰品，也可以根据餐厅的具体情况灵活安排，用以点缀、美化环境。

▲ 气氛明快的餐厅可以利用可爱别致的软装饰品来满足居住者的聚合心理

（5）多功能设计

餐厅的主要功能为用餐空间，但如果在用餐的过程中，还可以观看喜爱的电视节目，则除了美食的满足之外，还可以享受到视听的愉悦。在餐厅中设置一台电视机，无疑是为用餐时间增添乐趣的好方法；但需要注意的是，有孩子的家庭，这种设计手法需要慎重，避免孩子因过于沉迷电视节目而影响进餐。

▲ 餐厅旁放置小的音响，在用餐时可以收听优美的音乐，改善用餐环境

❸ 卧室设计要点

卧室常分为主卧和次卧，是供居住者在其内休息、睡眠等的活动房间。卧室的功能主要是睡眠休息，属于私人空间，在设计时要注意保持私密性和实用性，保证让居住者能得到良好的睡眠环境。卧室里一般常需要防止大量的衣物与被褥，所以在设计时要考虑到储物空间，不仅要足够大而且要使用方便。

▲ 卧室的设计风格也要与其他空间呼应

（1）墙面、地面、顶面选材

卧房应选择吸声性、隔声性好的装饰材料，其中触感柔细美观的布贴，具有保温、吸声功能的地毯都是卧室的理想之选。而像大理石、花岗石、地砖等较为冷硬的材料都不太适合卧室使用。

▲ 软绵温暖的织花地毯搭配纯棉床品，给人温暖柔和的感觉

（2）色彩设计

卧室大面积色调，一般是指家具、墙面、地面三大部分的色调。卧室配色时首先是组合这三部分，确定一个主色调。其次是确定好室内的重点色彩，即中心色彩，卧室一般以床上用品为中心色，如床罩为杏黄色，卧室中其他织物应尽可能用浅色调的同类色，如米黄、咖啡等，而且全部织物宜采用同一种图案。

▲ 卧室颜色搭配与睡眠质量有着分不开的关系，柔和的色调最适合卧室

▲ 对于卧室来说整体的主色调应该选择一个柔和的颜色作为主色调，而刺激性的颜色尽量少用到卧室里

（3）照明设计

卧室是休息的地方，除了提供易于养眼的柔和的光源之外，更重要的是要以灯光的布置来缓解压力。卧室照明应以柔和为主，可分为照亮整个室内的吊顶灯、床灯以及夜灯。吊顶灯应安装在光线不刺眼的位置；床灯可使室内的光线变得柔和，充满浪漫的气氛；而夜灯投出的阴影可使室内看起来更宽敞。

▲ 散发黄色柔光的吊顶灯悬挂于床头，照射的光线温和而不刺眼，充满平和之感

（4）软装应用

　　卧室的软装饰品最好能营造一种安静平和的气氛，以满足居住者休憩需求。因此卧室装饰不仅要与卧室整体设计统一外，还要注意不能出现过于激烈或者消沉的色彩或图案。卧室里常摆放与整体氛围统一的布艺织物，也可以选择题材温馨祥和的装饰画作为墙面点缀，或是摆放香气淡雅的装饰花卉。

▲ 卧室整体设计充满童真趣味，因此在软装的选择上以动物玩偶、墙饰为主

（5）多功能设计

　　卧室一般处于居室空间最里侧，具有一定的私密性和封闭性，其主要功能是睡眠和更衣，此外还应设有储藏、娱乐、休息等空间，可以满足各种不同的需要。所以，卧室实际上是具有睡眠、娱乐、梳妆、盥洗、读书、看报、储藏等综合实用功能的空间。

▶ 将飘窗设计成阅读区，一边墙面放置小型收纳柜，既满足阅读需求又能进行收纳

❹ 书房设计要点

当居室中不能单辟一个房间来做书房时，可以选择半开放式书房。例如在客厅的角落、或餐厅与厨房的转角，或卧室里靠落地窗的墙面放置书架与书桌，自成一隅，却也与家里的空间和谐共处。如果居室面积足够，可以选择采光较好的、空气相对流通的房间作为书房，将书柜摆放在不影响光线照射的位置或书桌左边，可以有利于使用者安心工作、学习。

▲ 选择采光条件良好的房间作为书房可以提高办公效率

（1）墙面、地面、顶面选材

书房要求安静的环境，因此要选用那些隔声、吸声效果好的装饰材料。如吊顶可采用吸声石膏板吊顶，墙壁可采用 PVC 吸音板或软包装饰布等装饰材料，地面则可采用吸声效果佳的地毯；窗帘要选择较厚的材料，以阻隔窗外的噪声。

▲ 厚实的地毯与实木的吸声板为书房创造了清静安宁的环境

（2）色彩设计

书房色彩既不要过于耀目，也不宜过于昏暗，而应当取柔和色调的色彩装饰。采用高度统一的色调装饰书房是一种简单而有效的设计手法，完全中性的色调可以令空间显得稳重而舒适，十分符合书房的特质。但需要注意的是，必须让这种高度统一的空间中有一些视觉上的变化，如空间的外形、选用的材质等，否则就会显得单调。

▲ 书房以中性色为主，显得稳重而舒适，加入暖色系黄色作为点缀，产生了视觉变化，显得不单调枯燥

（3）照明设计

书房灯具一般应配备有照明用的吊灯、壁灯和局部照明用的写字台灯。此外，还可以配一小型的床头灯，能随意移动，可安置于组合柜的隔板上，也可放在茶几或小柜上。另外，书房灯光应单纯一些，在保证照明度的前提下，可配乳白或淡黄色壁灯与吸顶灯。

▶ 除了顶面使用筒灯进行照明外，还可以在桌面摆放小的台灯，对桌面进行局部照明

（4）软装应用

书房装饰品应以清雅、宁静为主，不要太过鲜艳跳跃，以免分散学习工作的注意力。色调选择上也要在柔和的基础上偏向冷色系，以营造出"静"的氛围。配画构图应有强烈的层次感和远延拉伸感，在增大书房空间感的同时，也有助于缓解眼部疲劳。

▶ 书房也可以是展示藏品或喜爱之物的空间

（5）多功能设计

家中的会客空间一般设置在客厅，除此之外，书房的气质与功能也很适合作为会客空间。因此，不妨在书房里安排一个沙发，如果有条件还可以设置茶几或边几，以作临时的会客区；此外，如果书房的面积够大，可以摆放一张睡床，作为临时休息的空间。

▲ 书房可以结合娱乐、阅读和休憩为一体，可以在一侧设立长凳，作为休闲的地方

❺ 厨房设计要点

设计时需要先确定煤气灶、水槽和冰箱的位置，然后再按照厨房的结构面积和业主的习惯、烹饪程序安排常用器材的位置，可以通过人性化的设计将厨房死角充分利用。例如，通过连接架或内置拉环的方式让边角位也可以装载物品；厨房里的插座均应在合适的位置，以免使用时不方便；门口的挡水应足够高，防止发生意外漏水时水流进房间。

▲ 将橱柜、厨具和各种厨用家电进行合理布局，实现厨房用具一体化

（1）墙面、地面、顶面选材

厨房墙面多选择瓷砖铺贴，因为厨房是重油烟污染区，而瓷砖因其光滑、透气等特性能让日后的清洁、维护更加便利；厨房顶面则可以选择集成吊顶，不仅具有防潮、防腐、防火的性能，而且抗变形能力强，清洁起来也更方便；厨房地面需要注意的就是防滑、排水、易清洁的问题。厨房是用水较多的区域，所以防水、防滑是十分必要的。

▲ 选择亚光面瓷砖，这样能够降低厨房地面潮湿引起滑倒的几率

（2）色彩设计

由于厨房中存在大量的金属厨具，因此墙面、地面可以采用柔和、自然的颜色。另外，可以用原木色调加上简单图案设计的橱柜来增加厨房的温馨感，尤其是浅色调的橡木纹理橱柜可以令厨房展现出清雅、脱俗的美感。

▶ 白色墙砖与木色面板搭配，清爽而干净

（3）照明设计

厨房照明主灯光可选择日光灯，其光量均匀、清洁，给人一种清爽感觉。然后再按照厨房家具和灶台的安排布局，选择局部照明用的壁灯和工作面照明用的、高低可调的吊灯，并安装有工作灯的脱排油烟机，储物柜可安装柜内照明灯，使厨房内操作所涉及的工作面、备餐台、洗涤台、角落等都有足够的光线。

▲ 简单利落的筒灯作为主照明光源，操作台面上也可安装柜内照明，使厨房看上去干净、清洁

（4）软装应用

厨房墙面的处理可以采用艺术画或装饰性的盘子、碟子，这种处理可以增添厨房里的宜人氛围。如果厨房空间较小，做配饰设计时可以选择同样色系的饰品进行搭配。如白色系的厨房，可以选购白色系的配饰，然后再局部点缀一些深色系的饰品，会让空间更有层次感。

▲ 在台面一角摆放上装饰盘或鲜花，可以为厨房增添活跃气氛

➏ 卫浴设计要点

卫浴容易积聚潮气，所以要注意采光及通风。选择有窗户的明卫最好；如果是暗卫，需装一个功率大、性能好的排气换气扇。卫浴设计除合理布置卫生洁具外，还应考虑物品的悬挂和贮存空间，同时要注重安全性，最好采用干湿分离。如果卫浴空间较小，可以选择简洁沐浴房；如果卫浴面积足够大，可选择异形浴缸或按摩浴缸。

▲ 卫浴间容易积聚潮气，所以最好可以有窗户或良好的排气换气扇

（1）墙地顶选材

由于卫浴空间是家里用水最多，也是最潮湿的地方，因此其使用材料的防潮性非常关键。卫浴间的地面一般选择瓷砖、通体砖来铺设，因其防潮效果较好，也较容易清洗；墙面也最好使用瓷砖，如果需要使用防水壁纸等特殊材料，就一定要考虑卫浴间的通风条件。

▲ 墙面与地面使用易清洗、打理的瓷砖，不仅美观而且实用

（2）色彩设计

卫浴通常都不是很大，但各种盥洗用具复杂、色彩多样，为避免视觉的疲劳和空间的拥挤感，应选择清洁、明快的色彩为主要背景色，对缺乏透明度与纯净感的色彩要敬而远之。

▲ 白色系为主的卫浴间，加入稳重大方的棕色，可以减少白色带来的空寂感

（3）照明设计

　　卫浴是一个使人身心放松的地方，因此要用明亮柔和的光线均匀地照亮整个浴室。许多卫浴间的自然采光不足，必须借助人工光源来解决空间的照明。一般来讲，卫浴间要采用整体照明和局部照明来营造"光明"感。卫浴的整体灯光不必过于充足，朦胧一些，有几处强调的重点即可，因此局部光源是营造空间气氛的主角。

▲ 镜前灯可以清晰照亮面容，解决照镜子时背对顶面灯具而照不清面容的问题

▲ 淋浴区域能够通过在淋浴房的背后区域上方安装嵌顶灯，来达到照亮墙面的效果

（4）软装应用

　　塑料是卫浴间里最受欢迎的材料，色彩艳丽且不容易受到潮湿空气的影响，清洁方便。使用同一色系的塑料器皿包括纸巾盒、肥皂盒、废物盒，还有一个装杂物的小托盘，会让空间更有整体感。此外，陶瓷、玻璃等工艺品也十分适合装饰潮湿的卫浴间。

▲ 在洗手台上放置样式精美的肥皂盒或小托盘，也可以摆上独特造型的香薰台，会让空间更有整体感

❼ 玄关设计要点

玄关间隔不宜太高或太低，而要适中。若是玄关间隔太高，身处其中便会有压迫感；也会阻挡屋外之气，从而隔断了来自室外的新鲜空气或生气。而玄关间隔太低，则失去了玄关分隔的效果。因此，玄关分隔一般以2m的高度最为适宜。玄关间隔的下面可以做成柜子，高88cm左右；上面可做成展示柜。

▲ 镂空隔断可以引入光线，显得玄关更明亮宽敞

（1）墙地顶选材

玄关装修中，选择合适的材料，才能为整体居室起到"点睛"的作用。如玄关地面最好采用耐磨、易清洗的材料；墙壁的装饰材料，一般都和客厅墙壁统一，不妨在购买客厅材料时，多预留一些。

▶ 大理石地砖耐磨性好也容易清洗，与空间整体搭配也能显得朴素大方

（2）色彩设计

玄关空间一般都不大，并且光线也相对暗淡，因此用清淡明亮的色调能令空间显得开阔。另外，玄关色彩不宜过多。墙面可采用纯色壁纸或乳胶漆，避免在这个局促的空间里堆砌太多让人眼花缭乱的色彩与图案。

▶ 金色和绿色构成精致清雅的玄关配色

（3）照明设计

玄关一般都不会紧挨窗户，要想利用自然光来提高空间的光感是较为奢求的。因此，必须通过合理的灯光设计来烘托玄关明朗、温暖的氛围。一般在玄关处可配置较大的吊灯或吸顶灯作主灯，再添置些射灯、壁灯、荧光灯等作辅助光源。还可以运用一些光线朝上射的小型地灯作点缀。

▶ 一字排开的射灯均匀地从上方照射而下，烘托得玄关明朗、温馨

（4）软装应用

玄关不仅要考虑功能性，装饰性也不能忽视。一幅装饰画，一张充满异域风情的挂毯，或者只需一个与玄关相配的陶雕花瓶和几枝干花，就能为玄关烘托出非同一般的氛围。另外，还可以在墙上挂一面镜子，或不加任何修饰的方形镜面，或镶嵌有木格栅的装饰镜，不仅可以让业主在出门前整理装束，还可以扩大视觉空间。

▶ 在入玄关处摆放两个玻璃花瓶，插上简单大方的插花，让人可以第一眼就拥有美好的心情

⑧ 走廊设计要点

走廊的设计首先要避免过于昏暗和拥挤，既要与整体居室协调，也要保证通畅感。在设计走廊时，不宜将走廊位置设在房屋中间，这样会将房子一分为二，同时走廊不宜超过房子长度的2/3，否则容易引起视觉拥挤感。走廊的宽度通常为90~130cm最为合适，走廊不宜占地面积太多，走廊越大，房子的使用面积自然会减少。

▶走廊面积足够时，可以将走廊改造成休闲区，展现别具一格的设计感

（1）墙地顶选材

走廊吊顶宜简洁流畅，图案以能体现韵律和节奏的线性为主，横向为佳。吊顶要和灯光的设计协调。顶面尽量用清浅的颜色，不要造成凌乱和压抑之感。墙面一般不要做过多装饰和造型，以免占用过多的空间。添加一些具有导向性的装饰品即可。地面最好用耐磨易清洁的材料，地砖的花纹或者木地板的花纹最好横向排布。

▶ 简单的白色吊顶和简洁装饰线修饰的纯色墙面带来整齐利索的观感；颜色别致的花砖将空间中心下移，从而减少压抑之感

（2）色彩设计

走廊往往给人呈现出单一的感觉，可以运用地面铺贴的块阶设计来修饰其不足之处。例如，走廊的地面色彩沿用居室的主色调，从视觉上让整体环境更协调，之后用不同材料或颜色的块阶设计来表现空间独特的一面，这样的设计可以令空间在心理上无形被扩大，同时令整体的视觉效果更有回旋的空间感。

▲ 走廊色彩沿用客厅色调，视觉上与客厅更协调

（3）照明设计

走廊应该避免只依靠一个光源提供照明，因为一个光源往往会令人把注意力都集中在它上面，而忽略了其他因素，也会给空间造成压抑感，因此走廊的灯光应该有层次，通过无形的灯光变化让空间富有生命力。而在灯具的选择上，不需要花大钱，那些小巧而实用的射灯和壁灯就是最好的选择。

▲ 小巧而实用的射灯不会让走廊显得拥挤、压抑，反而更显得简洁大方

（4）软装应用

在走廊的一侧墙面上，可做一排高度适宜的玻璃门吊柜，内部设多层架板，用于摆设工艺品等物件；也可将走廊墙做成壁龛，架上摆设玻璃皿、小雕塑、小盆栽等，以增加居室的文化与生活氛围。另外，在走廊的空余墙面挂几幅尺度适宜的装饰画，也可以起到装饰美化的作用。

▶ 走廊一边做成内嵌式的收纳柜，既可以贮藏物品也可以作为展示架

⑨ 阳台设计要点

在家居空间中,阳台充当着重要的角色,其设计要点是偏重实际使用功能,在平面尺寸、位置等方面具有较为特定的要求。一般阳台分为内阳台和外阳台两种,内阳台一般采用塑钢窗与外界隔离,外阳台向外界敞开,不封闭。在设计阳台时,墙地砖的色彩、样式应与居室整体协调,视觉上可以有扩大空间的效果。

▲ 阳台上除了晒晾功能外,还可以摆放盆栽花草或休闲家具,打造实用又美观的空间区域

(1)建材选用

阳台是居室最接近自然的地方,应尽量考虑用自然的材料,避免选用瓷片、条形砖这类人工的、反光的材料。天然石和鹅卵石都是非常好的选择,光着脚踏上阳台,让肌肤和地面亲密接触,感觉舒服自在,鹅卵石对脚底有按摩作用,能舒缓疲劳。而且,纯天然的材料更容易与室内装修融为一体,用于地面和墙身都很合适。

▶ 阳台材料可以延续临近空间的材料选择,从而从视觉上有扩大空间的效果

（2）色彩设计法则

阳台的空间既是整体空间的一部分，又带有独立性，所以在色彩的选择上可以尽量与居室的主色调一致，从视觉上让整体环境更协调、也更宽敞。局部可以使用不同的颜色进行点缀来表现阳台的独特功能性划，从而打造出对立而统一的阳台空间。

► 整体延续客厅的自然感，视觉上满足协调性

（3）家具布置

阳台最好选用防水性能较好、不易变形的家具。木质家具比较朴实，最贴近自然；金属家具较能承受户外的风吹雨打，而且风格现代、简洁，是不错的选择。在布置方面，阳台窄一点的，可以放上一张逍遥椅；宽一点的，可以放上漂亮的小桌椅；而大型的露台内，一把亮丽的遮阳伞是必不可少的，再摆几个别致的饰物，阳台顿时显得生动许多。

►木质家具抗晒防裂，又能带来贴近自然的朴实感

第三章
室内色彩设计

在对家居空间进行色彩设计之前，需要对色彩设计建立初步的印象，掌握什么是色相、色调、纯度、明度等，只有对色彩的特性进行充分了解，才能够更系统地进行色彩设计。

一、色彩的属性

色彩三要素就是指色彩的色相、明度和纯度，色彩是通过这三种要素来准确地描述出来，而被人们所感知的，人眼看到的任何一种色彩都是由这三个特性综合起来得到的效果。在进行色彩设计的时候，可以通过调节色彩的这三个要素，将配色所表达的情感意义准确地传达给人们，以获得共鸣。

● 色相：当人们称呼一种色彩为红色、另一种色彩为蓝色时，指的就是色彩的色相这一属性。所有色相的基础都是三原色——红、黄、蓝，它们两两调和后会得到三种间色；将间色和原色继续混合后，又会得到复色，这十二种就是所有色彩演变的基础。

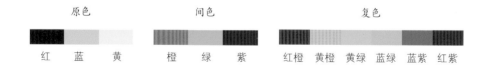

原色	间色	复色
红　蓝　黄	橙　绿　紫	红橙　黄橙　黄绿　蓝绿　蓝紫　红紫

● 明度、纯度：在进行水彩、水粉类的绘画课程学习时我们可以发现，在一种色相中添加不同程度的白色、灰色或黑色时，这种色相就会产生相应的变化，色彩学家将这种变化称为明度和纯度的变化，它们就是色彩的另外两大要素。需要注意的是，即使是在都是纯色的情况下，不同色相的明度也是有区别的，通常来说，暖色的明度要高于冷色，了解这一点，对家居配色设计是非常有帮助的。

纯色的明度变化

低明度〈‥‥‥〉高明度

同色的明度变化

低明度〈‥‥‥〉高明度

纯度变化

高纯度〈‥‥‥〉低纯度

同色的纯度变化

低纯度〈‥‥‥高纯度‥‥‥〉低纯度

❶ 色相

色相是指色彩所呈现出来的相貌，是色彩的首要特征，是区别各种不同色彩的最准确的标准。世界上除了黑、白、灰外的所有色彩都有色相的属性，都是由原色、间色和复色构成的。

▶ 不同色相给人的感觉是不同的，色彩设计就是将色相相组合的过程

❷ 明度

色彩的明度指的是色彩的明暗程度，同一色相会因为明暗的不同产生不同的变化，也就是色彩给人的感觉会随着明度变化而变化。纯色加入白色会增加明度，加入黑色会降低明度。

▶ 即使是同一个色相，明度发生变化，色彩给人的感觉也会随之而变化

❸ 纯度

纯度指色彩的鲜艳度，也称饱和度或彩度、鲜度。不同的色相明度和纯度均不相同。纯色无论加白色还是加黑色进行调和，纯度都会降低，如加入灰色，也会降低色彩的纯度。

▲ 在实际运用中，使用的色彩纯度越高，刺激感越强，降低纯度后，刺激感会随之降低

二、色彩的搭配类型

在同一个空间中，采用单一色彩的情况非常少，通常都会采用几种颜色进行搭配，用来互相搭配的色相组成的效果称为色相型，简而言之就是色相之间的搭配效果。

❶ 同相型、类似型配色

含义： 完全采用相同色相的配色方式被称为同相型配色，用邻近的色彩配色称为类似型配色。

作用： 两者都能给人稳重、平静的感觉，仅在色彩印象上存在区别。

▲ 同相型配色

▲ 类似型配色

小贴士

同相型配色限定在同一色相中，具有闭锁感；类似型的色相幅度比同相型有所扩展，在 24 色相环上，4 份左右的为邻近色，同为冷色或暖色范围内，8 份差距也可归为类似型。

24 色相环

❷ 互补型、对比型配色

含义：互补型是指在色相环上位于 180° 相对位置上的色相组合，接近 180° 位置的色相组合则称为对比型。

作用：此两种配色方式色相差大，视觉冲击力强，可给人以深刻的印象。

▲ 互补型配色

▲ 对比型配色

小贴士

使用互补型配色方式可以营造出活泼、华丽的氛围；若为接近纯色调的互补型配色，则可以形成充满刺激性的艳丽色彩印象。由于互补型配色过于刺激，家居中通常采用对比型配色方式。对比型配色方式比互补型要缓和一些，兼具一些平衡感。

❸ 三角型、四角型配色

含义：在色相环上，能够连线成为正三角形的三种色相进行组合为三角型配色，如红色、黄色、蓝色；两组互补型或对比型配色组合为四角型。

作用：三间色组成的三角型比三原色要缓和一些，四角型醒目又紧凑。

▲ 三角型配色

▶ 四角型配色

三角型与四角型配色效果比对

三角型		
三角型配色兼具动感与平衡感，是最为稳定的搭配方式，不易出错	去掉三角型配色中的绿色，变成黄色与紫色的对决型，不再显得热烈	去掉三角型配色中的黄色，变成绿色与紫色的准对决型，显得沉闷

四角型		
紫色和绿色，蓝色和黄色，两组对决色构成的四角型，安定而紧凑	只有紫色与绿色的对决型配色，仍然紧凑，但不够柔和，比四角型呆板一些	去掉紫色和黄色，在蓝色和绿色区域形成类似型配色，封闭而寂寥

❹ 全相型配色

含义：在色相环上，随便选取五六种色相组成的配色为全相型配色，它包含的色相很全面，形成一种类似自然界中的丰富色相，充满活力和节日气氛，是最开放的色相型。

适用范围：在家居配色中，全相型最多出现在软装上以及儿童房中。

作用：通常来说，如果运用的配色有5种就属于全相型配色，用的色彩越多越会让人感觉自由。

▲ 五种色相组合的全相型配色

▲ 六种色相组合的全相型配色

小贴士

全相型配色产生的活跃感和开放感，并不会因为颜色的色调而消失，不论是明色调还是暗色调，或是与黑色、白色进行组合，都不会失去其开放而热烈的特性。

三、色彩的情感意义

当色彩的不同波长光信息作用于人的视觉器官，通过视觉神经传入大脑后，人经过思维会与以往的记忆及经验产生联想，从而形成一系列的色彩心理反应，称为"色彩的情感意义"。了解色彩的情感意义，就能够有针对性地根据居住者的性格、职业来选择适合的家居配色方案。

❶ 红色

红色是原色之一，它象征活力、健康、热情、朝气、欢乐，使用红色能给人一种迫近感，使人体温升高，引发兴奋、激动的情绪。纯色的红色最适合用来表现活泼感。

▶ 适合用在客厅、活动室或儿童房中，鲜艳的红色不适合大面积地使用，以免让人感觉刺激

❷ 黄色

黄色是原色之一，能够给人轻快、充满希望、活力的感觉，能够让人联想到太阳，用在家居中能使空间具有明亮感。它还有能够促进食欲和刺激灵感的作用。

▲ 鲜艳的黄色过大面积的使用，容易给人苦闷、压抑的感觉，可以缩小使用面积，做点缀或花纹使用

❸ 蓝色

蓝色是三原色之一，它是最冷的色彩，代表着纯净，通常让人联想到海洋、天空、水、宇宙。纯净的蓝色表现出一种美丽、冷静、理智、安详与广阔。

▶ 适合用于卧室、书房、工作间和压力大的人的房间中，以蓝色软装饰为主的空间，显得理智、成熟、清爽

❹ 橙色

橙色是红色和黄色混合的复色，所以兼具了红色的热情和黄色的明亮，是最温暖的颜色。它能够使人联想到金色的秋天、丰硕的果实，是一种富足、快乐而幸福的颜色。

▲ 橙色能够激发人们的活力、喜悦、创造性，适合用在客厅、餐厅、活动室或儿童房中

❺ 绿色

绿色是蓝色和黄色的复合色，能够让人联想到森林和自然。它代表着希望、安全、平静、舒适、和平、自然、生机，能够使人感到轻松、安宁。

▶ 绿色是自然界中最常见的颜色，在居室中使用它能让人们联想到自然，基本上没有使用限制

❻ 紫色

紫色是蓝色和红色的复合色，具有比较明显的女性倾向，用紫色装饰居室具有高贵、神秘的感觉。紫色还是浪漫的象征，淡雅的藕荷色、浅紫色等可用来表现单身女性的空间。

▲ 不论什么色调的紫色，加入白色调和后，给人的感觉都非常柔美。需要注意男性空间应慎用紫色

❼ 褐色

褐色又称棕色、赭色、咖啡色、茶色等，是由混合少量红色及绿色、橙色及蓝色或黄色及紫色颜料构成的颜色。褐色属于大地色系，可使人联想到土地，使人心境平和。

▲褐色常用于乡村、欧式古典家居，也适合老人房，给人沉稳的感觉，可以较大面积使用

❽ 粉色

粉色是时尚的颜色，有很多不同的分支和色调，从淡粉色到橙粉红色，再到深粉色等，通常给人浪漫、天真的感觉，让人第一时间联想到女性特征。

▶ 粉色可以使激动的情绪稳定下来，有助于缓解精神压力，适用于女儿房、新婚房等

❾ 白色

白色是明度最高的色彩，给人明快、纯真、洁净的感受，用来装饰空间，能营造出优雅、简约、安静的氛围。同时，白色还具有扩大空间面积的作用。

▶ 大面积使用白色，容易使空间显得寂寥，设计时可搭配温和的木色或用鲜艳的色彩进行点缀

❿ 黑色

黑色是明度最低的色彩，给人深沉、神秘、寂静、悲哀、压抑的感觉。黑色用在居室中，给人稳定、庄重的感觉。同时黑色非常百搭，可以容纳任何色彩，怎样搭配都非常协调。

▶ 不建议墙上大面积使用黑色，易使人感觉沉重、压抑，可作为家具或地面主色

⓫ 灰色

灰色给人温和、谦让、中立、高雅的感觉，具有沉稳、考究的装饰效果，是一种不会过时的颜色。灰色用在居室中，能够营造出具有都市感的氛围。

▶ 使用低明度的灰色，应避免产生压抑感，可控制使用面积或采用与高明度色彩组合的图案

⑫ 金色

金色本身非常亮，使用搭配的时候需要用暗色、沉色才能够压得住，否则整个空间都会缺乏质感，没有亲切感。在家具和其他装饰材料的搭配选择上，尽量不要使用太过通透、反光的材质，否则会有喧宾夺主之感。

▲ 明度与饱和度极高的金色，明艳、亮丽，与黑色结合可以得到清晰、整洁的效果，而与白色搭配，也能带来温暖、明亮的印象

⑬ 银色

银色介于白和灰之间，是一种百搭色。银色能为平凡的空间带来闪亮、时髦的效果。清冷迷人的银色比灰色更加闪耀，又比绚烂色彩更加优雅。

▶ 与华丽、张扬的金色相比，银色冷艳的气质也让人格外迷恋。与棕色、褐色、金色搭配能够平衡空间的清冷感。与深灰色、蓝色搭配，更能塑造出闪耀的时髦感

一、影响配色的空间因素

色彩在家居空间中的表现常受制于一些因素，如空间朝向、家居材料、空间照明等，只有色彩与这些因素和谐共存时，家居配色才能满足赏心悦目与实用的诉求。

① 光线的反射率

在一个家居空间中，有的房间向南，有的房间向北，还会出现向东、向西的房间。不同朝向的房间，自然光照也不同。例如，南向房间光照足，正午容易让人感觉燥热，而北向房间则比较阴暗。可以利用不同色彩对光线反射率的不同这一特点，来改善居室环境。

北向房间：北向房间基本没有直接光照，显得比较阴暗，可以采用明度比较高的暖色来装饰空间，使人感觉温暖一些。

东向房间：上午、下午的光线变化较大，日光直射或者与日光相对的墙面宜采用吸光率比较高的深色，背光的墙面采用反射率较高的浅色会让人感觉更为舒适一些。

▲ 采用暖色增添温馨感，弱化室内阴暗之感

▲ 灰蓝色与无色系搭配，适应光线变化

南向房间：南向房间日照充足，建议离窗户近的墙面采用吸光的深色调色彩、中性色或冷色相，从视觉上降低燥热程度。

▶ 冷色系为背景色，有效降低燥热感

西向房间：光照变化更强，下午基本处于直射状态，且时间长，它的色彩搭配方式与东向房间相同，在色相选择上可以选择冷色系，以缓解下午过强的日照。

▶ 冷色调给人清凉感，避免强烈光照造成的炎热感

小贴士

一年四季中，大部分地区的光照和温度都有很大的变化，当这种变化令人感到不适时，可以通过调整空间的配色来解决。例如，温带和寒带，调整的策略就有很大区别，通常情况下，一年之中温暖时间长的地区适宜多用冷色，而寒冷时间长的地区适宜多用暖色。

❷ 空间材质

色彩不能单独凭空存在，而是需要依附在某种材料上，才能够被人们看到，在家居空间中尤其如此。装饰空间时材料千变万化，丰富的材质世界对色彩也会产生或明或暗的影响。

（1）自然材质与人工材质

自然材质： 非人工合成的材质，例如，木头、藤、麻等，此类材质的色彩较细腻、丰富，单一材料就有较丰富的层次感，多为朴素、淡雅的色彩，缺乏艳丽的色彩。

▲ 实木材料　　　　　　　　▲ 藤质材料　　　　　　　　▲ 亚麻材料

人工材质： 由人工合成的瓷砖、玻璃、金属等，此类材料对比自然材质，色彩更鲜艳，但层次感单薄。优点是无论何种色彩都可以得到满足。

▲ 瓷质材料　　　　　　　　▲ 玻璃材料　　　　　　　　▲ 金属材料

（2）暖材料、冷材料和中性材料

暖材料： 织物、皮毛材料具有保温的效果，比起玻璃、金属等材料，使人感觉温暖，为暖材料。

▲ 即使是冷色，当以暖材质呈现出来时，清凉的感觉也会有所降低

冷材料： 玻璃、金属等给人冰冷的感觉，为冷材料。即使是暖色相附着在冷材料上时，也会让人觉得有些冷感。

▲ 同为暖色相的玻璃和陶瓷，其冰冷感也不会降低

中性材料： 木质材料、藤等材料冷暖特征不明显，给人的感觉比较中性，为中性材料。

▲ 采用这类材料时，即使是采用冷色相，也不会让人有丝毫寒冷的感觉

（3）材质表面光滑度的差异

除了材质的来源以及冷暖，表面光滑度的差异也会给色彩带来变化。例如，同样颜色的瓷砖，经过抛光处理的表面更光滑，反射度更高，看起来明度更高，表面粗糙一些的则明度较低。同种颜色的同一种材质，选择表面光滑的与粗糙的进行组合，就能够形成不同的明度，能够在小范围内制造出层次感。

▲ 未经抛光处理的瓷砖，反光度、明度都较低，呈现比较稳重、低调的氛围

▲同样的浅色系的瓷砖，经过抛光处理后瓷砖更光滑，看起来明度更高，能够形成干净明亮的环境氛围

❸ 色温的差异

家居空间内的人工照明主要依靠 LED 灯和荧光灯两种光源。这两种光源对室内配色会产生不同的影响，LED 灯节能环保，光色纯正，使用寿命较长；荧光灯的色温较高，偏冷，具有清新、爽快的感觉。

（1）色温的定义

色温是照明光学中用于定义光源颜色的一个物理量，其单位为 K（开尔文）。即把某个绝对黑体加热到某个温度，使其发射的光的颜色与某个光源所发射的光的颜色相同，这时绝对黑体加热的温度称之为该光源的颜色温度，简称色温。

（2）色温的分类

越是偏暖色的光线，色温就越低，能够营造柔和、温馨的氛围；越是偏冷的光线，色温就越高，给人清爽、明亮的感觉。

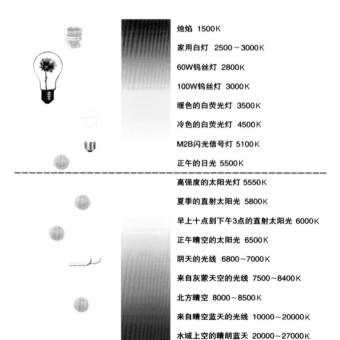

烛焰 1500K

家用白灯 2500～3000K

60W钨丝灯 2800K

100W钨丝灯 3000K

暖色的白荧光灯 3500K

冷色的白荧光灯 4500K

M2B闪光信号灯 5100K

正午的日光 5500K

高强度的太阳光灯 5550K

夏季的直射太阳光 5800K

早上十点到下午3点的直射太阳光 6000K

正午晴空的太阳光 6500K

阴天的光线 6800～7000K

来自灰蒙天空的光线 7500～8400K

北方晴空 8000～8500K

来自晴空蓝天的光线 10000～20000K

水域上空的晴朗蓝天 20000～27000K

高色温

色温超过 6000K 为高色温，高色温的光色偏蓝，给人清冷的感觉。当采用高色温光源照明时，物体有冷的感觉

低色温

色温在 2500K 以下为低色温，低色温的红光成分较多，多给人温暖、健康、舒适的感觉。当采用低色温光源照明时，物体有暖的感觉

❹ 色温在居室中的运用方法

（1）色温与色调融合

　　暖色调为主的空间中，采用低色温的光源，可使空间内的温暖基调加强；冷色调为主的空间内，主光源可使用高色温光源，局部搭配低色温的射灯、壁灯来增加一些朦胧的氛围。

▲暖色调为主的餐厅，主灯为低色温

▲冷色调客厅，吊灯为高色温，筒灯为低色温

（2）高色温适合工作区域

在实际运用中，可利用色温对居室配色和氛围的影响，在不同的功能空间采用不同色温的照明。高色温清新、爽快，适合用在工作区域例如书房、厨房、卫生间等区域做主光源。

▲ 厨房使用高色温筒灯，看上去更加清爽干净

▲ 高色温的吊灯与无色系的卫浴间搭配更显简洁

（3）低色温能够烘托氛围

低色温给人温暖、舒适的感觉，很适合用在需要烘托氛围类的空间做主光源，例如，客厅、餐厅。而在需要放松的卧室中，也可以采用低色温的灯光，低色温能促进褪黑素的分泌，具有促进睡眠的作用。

▲ 低色温灯具使卧室氛围变得更加温馨、柔和

▲ 休闲空间可以使用低色温的灯具来营造闲适、放松的氛围

二、色彩的空间调和作用

并非所有的家居空间都是令人满意的，面对不理想的空间造型，如过于狭小、狭长，或者是不规则的空间，除了对空间进行格局改造外，还可以通过色彩来减弱这些缺陷，在视觉效果上改变空间的高矮、长短等，使空间比例更为协调。

❶ 前进色与后退色

前进色：冷色和暖色对比可以发现，高纯度、低明度的暖色相有向前进的感觉。

后退色：与前进色相对，低纯度、高明度的冷色相具有后退的感觉。

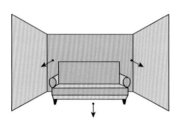 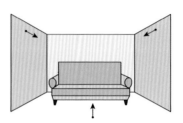

背景墙为低明度且纯度高的色彩，视觉上大大缩小了空间进深

背景墙为高明度色彩，视觉上增加了空间进深

❷ 膨胀色与收缩色

膨胀色：能够使物体的体积或面积看起来比本身要膨胀的色彩，高纯度、高明度的暖色相都属于膨胀色。

收缩色：使物体体积或面积看起来比本身大小有收缩感的色彩，低纯度、低明度的冷色相属于此类色彩。

▲ 在略显空旷感的家居中，使用膨胀色家具，能够使空间看起来更充实

▲ 空间狭小，家具采用收缩色，增加空间的宽敞感

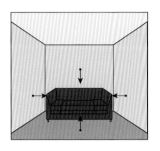
空间狭小，软装采用收缩色，
增加空间宽敞感

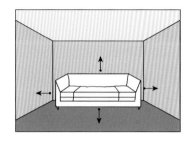
空间较宽敞，软装采用明度高的膨
胀色，空间具有充实感

收缩色调整狭长空间：特别狭窄的空间里，饱满和凝重的收缩色可用在尽头的墙面上，或者在远距离的地方使用收缩色的家具，都能够从视觉上缩短距离感，两侧墙面用膨胀色，能够使空间的整体视觉比例更协调。

③ 重色与轻色

重色：有些色彩让人感觉很重，有下沉感，这种色彩称为重色。相同色相深色感觉重，相同纯度和明度的情况下，冷色系感觉重。

轻色：与重色相对应，使人感觉轻、具有上升感的色彩，称为轻色。相同色相的情况下，浅色具有上升感，相同纯度和明度的情况下，暖色感觉较轻，有上升感。

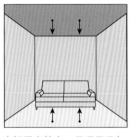
空间层高较高，吊顶用重色，
地板用轻色，降低了层高

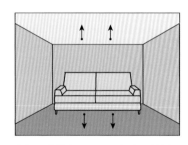
空间层高较低，吊顶用轻色，地板用
重色，视觉上增加了空间高度

浅色在上、深色在下可拉高房间：对于高度特别矮的空间，将浅色放在天花板上、深色放在地面上，使色彩的轻重从上而下，层次分明，用上升和下沉的对比，也会从视觉上产生延伸的效果，使房间的高度得以提升。

（1）高重心配色

把一个房间中所有色彩中的重色放在顶面或墙面，就是高重心配色。

（2）低重心配色

把一个房间中所有色彩中的重色放在地面，就是低重心配色。

▲ 具有上重下轻的效果，利用重色下坠的感觉使空间产生动感

▲ 重色可以是地面，也可以是家具，呈现上轻下重的效果，使人感觉稳定、平和

小贴士

将色相、明度和纯度结合起来对比，会将色彩对空间的作用看得更明确一些。

● 暖色相和冷色相对比，前者前进、后者后退；相同色相的情况下高纯度前进、低纯度后退，低明度前进、高明度后退。

● 暖色相和冷色相对比，前者膨胀、后者收缩；相同色相的情况下高纯度膨胀、低纯度收缩，高明度膨胀、低明度收缩。

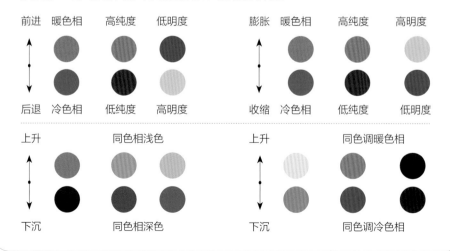

第四章
室内照明设计

室内照明是室内环境设计的重要组成部分，要有利于人的活动安全和舒适的生活。光不仅仅是室内照明的条件，而且是表达空间形态、营造环境气氛的基本元素。只有掌握扎实照明设计知识，才能够创造出理想又舒适的家居环境。

第一节
室内光环境

一、自然采光

在室内环境设计中，自然光的利用称作采光，利用自然光是一种节约能源和保护环境的重要手段，且自然光更符合人心理和生理需要，从长远角度看可以保障人体健康。将适当的昼光引到室内照明，并且让人透过窗子看到窗外景物，是保证人的工作效率及身心舒适的重要条件。

❶ 含义

光是能量的一种形式，是具有波状运动的电磁辐射的巨大连续统一体中很狭小的一部分。根据波长可以将电磁波分为宇宙射线、X 射线、紫外线、可见光等。人类肉眼能感受到的光线（可视光线）为波长 380 ~ 480nm 的电磁波，其中波长比可视光线长的部分称为红外线，波长比可视光线短的为紫外线。

小贴士

昼光：在白天时感受到的自然光，即昼光。昼光由直射地面的阳光（或称日光）和天空光（或称天光）组成。日光是自然光源的主要类型，光源是太阳，通过大气层直接照射。太阳源源不断地辐射能量到地球表面，经过化学元素、水分、尘埃微粒的吸收和扩散，被大气层扩散后的太阳能形成了蓝天，即为天光。

昼光率：由于自然采光会因白日阳光的变动而发生变化，因此衡量室内采光好坏的标准成为昼光率。

昼光率 = 室内某水平面的照度 E/ 当时全天空照度 E_s ×100%

---

❷ 自然光对空间作用

（1）自然光对空间的影响

阳光通过墙面设置的窗户或屋顶天窗进入室内，投落在房间表面，可以使室内的色彩增辉，质感明朗。另外，由于太阳朝升夕落而产生的光影变化，又使室内空间活跃且富于变化。阳光的强度在空间中不同角度形成均匀扩散，可使室内物体清晰，也可使形体失真，可以创造明媚气氛，也可以由于阴天光照不好形成阴沉效果，在具体设计中，设计师须针对具体情况进行调整和改进。

▲ 餐厅自然光线充足，因此使用灰色做主色也不会觉得昏暗

（2）自然光采光质量的决定因素

光线均匀：室内采光的质量应考虑光线是否均匀、稳定，是否会产生暗影和眩光等现象。

光线充足：室内光线是否充足，表现为室内照度的强弱，取决于天空亮度的大小。不同的地区总照度和散射照度也不同，在设计时需要根据地域来确定室内照度标准。

▲ 充足、均匀的光线能够为室内设计增光彩

二、人工照明

由于自然光的明度相对稳定，其方位也可以预知，因此导致室内环境中对太阳光的利用有限，这时需要运用人工方法来获得光明，即利用现代光照技术手段来达到设计目的，统称为照明。

提供热量：自然光中的红外线具有大量辐射热，可以提供必要热量。居室设计时合理利用采光，冬天时则可以提高室温。

杀菌消毒：直射的自然光对人物居住的房间、备品等有消毒杀菌作用，因此卫浴最好设置明窗。另外，利用阳光也可以促进钙的吸收，治疗某些疾病。居室设计时，可以考虑把老人房或儿童房设置于自然光线充足的方位。

照亮物体：这是光源最基本的作用，有了光线，人们才能看清物体。在室内设计时，合理将采光与照明结合设计，可以增加空间的明亮度与可见度，为舒适生活带来良好体验。

丰富环境：光线能够改变物体的表现效果，丰富环境形式。多样化的人工光源设置还可以使空间中的物体获得光影效果，形成立体感；也可以令空间表现出纯净、明暗、虚实等视觉效果；甚至在一定程度上还具有改变空间尺度和比例的作用。

▲ 自然光线不足时可以多用人工照明进行补充

❶ 人工照明设计要求

要提供符合功能要求的空间整体照明需求，同时要适当提高主要目标物体的照度，这不仅满足实用性，也可以起到视觉引导作用。通过光的反射特性，进行相互有别的布光处理，来控制亮度的均匀性和适度的对比性。

▶ 满足空间照明需求是最主要的目标

❷ 人工照明设计方法

所有保障照明质量和效果的手段，都需要通过一定的灯具组织形式和照明方式来实现。例如，从空间照度分布差异上区分的一般照明、分区一般照明、局部照明、混合照明等方式；从灯具光通量分布的直接照明、半直接照明、半间接照明、间接照明、漫射照明等照明类型。

▲ 心理需求的满足可以通过光源的色彩美、形式美，灯具的形态美、材质美，布置的形式美等多方面来实现

第二节
光源与灯具

一、光源的种类

　　室内空间的人工照明主要依靠白炽灯和荧光灯两种光源。这两种光源对室内的配色会产生不同的影响，白炽灯的色温较低，偏暖，具有稳重、温馨的感觉；荧光灯的色温较高，偏冷，具有清新、爽快的感觉。

❶ 直射光

　　含义： 指光源直接照射到工作面上的光。

　　特点： 照度大，电能消耗小。

　　缺点： 光线往往比较集中，容易引起眩光，干扰视觉。

▶ 书桌上使用直射光能够为桌面提供充足的光线阅读写字

❷ 反射光

　　含义： 指利用光亮的镀银反射罩的定向照明，使光线下部受到不透明或半透明的灯罩的阻拦，同时光线的一部分或全部照到墙面或顶面上，再反射回来的现象。

　　特点： 光线均匀，没有明显的强弱差。

　　缺点： 不易表现物体的体积感和对于某些重点物体的强调。

▲ 反射光不会给人刺激感

❸ 漫射光

含义：指利用磨砂玻璃灯罩或乳白灯罩以及其他材料的灯罩、格栅灯，使光线形成各种方向的漫射，或是直射光、反射光混合的光线。

特点：比较柔和，艺术效果好。

缺点：漫射光比较平，使用不当会使空间平淡，缺少立体感。

▶ 漫射光极易营造处浪漫、温馨的氛围

二、色温的选择

色温是表示光源光色的尺度，单位为 K。通常人眼所见到的光线是由七种色光的光谱叠加组成，但其中有些光线偏蓝，有些则偏红。越是偏暖色的光线，色温就越低，能够营造柔和、温馨的氛围；越是偏冷的光线，色温就越高，能够传达出清爽、明亮的感觉。

家庭常用灯具色温表

灯具类型	色温范围
白灯	2500～3000K
220V 日光灯	3500～4000K
冷色的白荧光灯	4500K
暖色的白荧光灯	3500K
普通日光灯	4500～6000K
反射镜泛光灯	3400K

三、室内照明方式

根据灯具光通量的空间分布状况及灯具的安装方式，室内照明方式可分为直接照明、半直接照明、间接照明、半间接照明和漫射照明五种方式。

❶ 直接照明

直接照明是光线通过灯具射出，这种照明方式具有强烈的明暗对比，并能形成有趣生动的光影效果，可突出工作面在整个环境中的主导地位，给人明亮、紧凑的感觉，但是由于亮度较高，应防止眩光的产生。

▲ 筒灯、射灯等直接照明方式可营造出美观的光影效果

❷ 半直接照明

半直接照明的方式是半透明材料制成的灯罩罩住光源上部，使之60%～90%的光线集中射向工作面，10%～40%被罩光线又经半透明灯罩扩散而向上漫射，其光线比较柔和。这种灯具常用于较低的房间的一般照明。由于向上漫射的光线能照亮顶面，使房间顶部高度增加，因而能产生较高的空间感。

▲ 卧室采用台灯来作半直接照明，无形中增加了居室的高度

❸ 间接照明

　　间接照明方式是将光源遮蔽而产生间接光的照明方式，其中90% ~ 100% 的光通过天棚或墙面反射作用于工作面，10% 以下的光线则直接照射工作面。

▲ 光线先照到墙面上，这样弱化了光线，带来柔和的照明效果

❹ 半间接照明

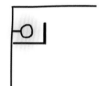

　　半间接照明方式，与半直接照明相反，把半透明的灯罩装在光源下部，60% 以上的光线射向平顶，形成间接光源，10% - 40% 部分光线经灯罩向下扩散。这种方式能产生比较特殊的照明效果，使较低矮的房间有增高的感觉。也适用于住宅中的小空间部分，如门厅、过道等，通常在学习的环境中采用这种照明方式最为适宜。

▲ 半间接照明的方式，既柔和，又令小空间不显昏暗

❺ 漫射照明

　　漫射照明是利用灯具的折射功能来控制眩光，将光线向四周散开。一种为光线从灯罩上口射出经平顶反射，两侧从半透明灯罩扩散，下部从格栅扩散。另一种为用半透明灯罩把光线全部封闭而产生漫射。这类照明光线性能柔和，视觉舒适，适于卧室。

◀ 卧室采用漫射照明，光线非常柔和，符合卧室追求温馨、舒适的理念

四、灯具分类

吊灯

特点：常用的有欧式烛台吊灯、中式吊灯、水晶吊灯、羊皮纸吊灯、时尚吊灯、锥形罩花灯、尖扁罩花灯、束腰罩花灯、五叉圆球吊灯、玉兰罩花灯、橄榄吊灯等。用于居室的分单头吊灯和多头吊灯两种。

适用场合：吊灯多用于卧室、餐厅和客厅。吊灯的安装高度，其最低点应离地面不小于 2.2m。

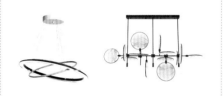

吸顶灯

特点：常用的有方罩吸顶灯、圆球吸顶灯、尖扁圆球吸顶灯、半圆球吸顶灯、半扁球吸顶灯、小长方罩吸顶灯等。安装简易，款式简洁，具有清朗明快的感觉。

适用场合：吸顶灯适合于客厅、卧室、厨房、卫生间等处的照明。

落地灯

特点：落地灯常用作局部照明，不讲究全面性，而强调移动的便利性，对于角落气氛的营造十分实用。落地灯的采光方式若是直接向下投射，适合阅读等需要精神集中的活动，若是间接照明，可以调整整体照明的光线变化。

适用场合：落地灯一般放在沙发拐角处。落地灯的灯罩下边应离地面 1.8m 以上。

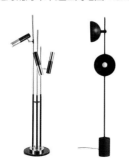

射灯

特点：光线直接照射在需要强调的家什器物上，以突出主观审美作用，达到重点突出、层次丰富、气氛浓郁、缤纷多彩的艺术效果。射灯光线柔和，雍容华贵，既可对整体照明起主导作用，又可局部采光，烘托气氛。

适用场合：射灯可安置在吊顶四周或家具上部，也可置于墙内、墙裙或踢脚线里。

壁灯

特点：常用的有双头玉兰壁灯、双头橄榄壁灯、双头鼓形壁灯、双头花边杯壁灯、玉柱壁灯、镜前壁灯等。

适用场合：适合于卧室、卫浴间照明。壁灯的安装高度，其灯泡应离地面不小于 1.8m。

烛台

特点：烛台是点睛之笔，按材质可分为玻璃烛台、铝质烛台、陶瓷烛台、不锈钢烛台、铁艺烛台、铜质烛台、锡质烛台和木质烛台。

适用场合：多用在餐厅、卫浴间或厨房，以烘托气氛。

筒灯

特点：嵌装于天花板内部的隐置性灯具，所有光线都向下投射，属于直接配光。可以用不同的反射器、镜片来取得不同的光线效果。装设多盏筒灯，可增加空间的柔和气氛。

适用场合：一般装设在卧室、客厅、卫浴间的周边天棚上。

台灯

特点：台灯属于生活电器，按材质分陶灯、木灯、铁艺灯、铜灯等，按功能分护眼台灯、装饰台灯、工作台灯等，按光源分灯泡、插拔灯管、灯珠台灯等。台灯光线集中，便于工作和学习。

适用场合：一般客厅、卧室等用装饰台灯，工作台、学习台用节能护眼台灯。

五、不同空间的照明需求

不同空间其照明需求也不同，空间的布光应该有主有次，主灯以造型简洁的吸顶灯为主，辅之以台灯、壁灯、射灯等。要强调灯具的功能性、层次感，不同的光源效果可交叉使用，空间的重点照明可以利用落地灯、壁灯、射灯等达到使用和装饰的效果，重点照明的原则是饰灯不能喧宾夺主，要和主灯交相辉映。

❶ 客厅照明

照明需求：满足不同活动需求，既要体现祥和融洽的氛围，又要具有一定的品位。

设计方法：以适度的明亮为主，在光线的使用上多以黄光为主，容易营造出温馨效果，也可以将白光与黄光互相搭配，通过光影的层次变化来调配出不同的氛围，营造独特的风格。

▲ 低色温黄色光源能够令客厅显得非常温馨　　▲ 客厅可以选择多种照明方式组合，丰富照明层次

小贴士

阴面的客厅或自然采光不好的客厅，碰上不好的天气，会一片灰暗，给人造成压抑感。如果能利用一些合理的照明设计，来达到扬长避短的目的，凸显立面空间，就能让不亮的客厅明亮起来。首先要补充入口光源，光源能在立体空间里塑造耐人寻味的层次感；然后适当地增加一些辅助光源，尤其是日光灯类的光源，映射在顶面和墙上，能收到独特的效果；另外，还可用射灯点缀装饰画上，也可以起到较好的效果。

❷ 餐厅照明

照明需求：能体现就餐气氛的融洽，同时有助于提高饭菜的观感效果。

设计方法：灯具选用白炽灯，经反光罩反射后以柔和的橙色光映照室内，形成橙黄色环境，能有效消除死气沉沉的低落感。寒冷的冬夜，如选用烛光色彩的光源或橙色射灯照明，使光线集中在餐桌上，也会产生温暖的感觉。

▲ 暖黄色的灯光令餐厅空间呈现出温馨的氛围，用餐时间显得轻松而惬意

▲ 餐厅的照明方式以局部照明为主，灯光当然不止餐桌上方这一个局部，还要有相关的辅助灯光，起到烘托环境的作用

❸ 卧室照明

照明需求：针对不同功能需求进行妥善考虑，协调处理，塑造以舒缓、安静的气氛为主的照明环境。

设计方法：卧室照明应以柔和为主，可分为照亮整个室内的吊顶灯、床灯以及低的夜灯。吊顶灯应安装在光线不刺眼的位置；床灯可使室内的光线变得柔和，充满浪漫的气氛；而夜灯投出的阴影可使室内看起来更宽敞。

▲ 床头两边的吊灯既可照明，又可作为点睛的装饰品

▲ 半遮光的灯罩，其发出的漫射光能令人心境更加平和

❹ 书房照明

照明需求：要求具有高雅、幽静，能使人心情平静的环境。

设计方法：一般应配备有照明用的吊灯、壁灯和局部照明用的写字台灯。此外，还可以配一小型的床头灯，能随意移动，可安置于组合柜的隔板上，也可放在茶几或小柜上。另外，书房灯光应单纯一些，在保证照明度的前提下，可配乳白或淡黄色壁灯与吸顶灯。

▶ 书房主灯的选择不要过于追求亮度，应该以灯光柔和为宜

▲搭配台灯、落地灯来辅助照明可以促进读书的效率，同时也能够使读书者以一种平静安逸的心态汲取知识、扩展自身

❺ 厨房照明

照明需求：厨房照明主要为满足操作行为的明视需求。

设计方法：以功能为主，主灯宜亮，设置于高处。同时还应配以局部照明，以方便洗涤、切配、烹饪等。而从亮度上来说，因为涉及做饭过程中的很多繁杂的工作，亮度较高对眼睛也能起到较好的保护作用。

▲ 组合式吊灯设计，令敞开式厨房更具装饰感

▲ 经常开火做饭的厨房油烟较大，橱柜和灯具都尽量简洁、易清洗为好

小贴士

敞开式厨房的设计中，往往会设计吧台或者岛台，并且在吊顶的设计中，会采用石膏板或纯木材等材料。因此在灯具的设计中，就不是简单的集成吸顶灯，而会相应的搭配吊灯、射灯及筒灯，以烘托出厨房的光影变化。

⑥ 卫浴间照明

照明需求：卫浴间属于湿环境，所以要求有较好的照度水平，以免发生意外。

设计方法：要用明亮柔和的光线均匀地照亮整个浴室。许多卫浴间的自然采光不足，必须借助人工光源来解决空间的照明。一般来讲，卫浴间要采用整体照明和局部照明营造"光明"。卫浴的整体灯光不必过于充足，朦胧一些，有几处强调的重点即可，因此局部光源是营造空间气氛的主角。

▲小面积卫浴间应把灯具安装在天花板正中央，这样让光线均匀散开，给空间以扩大感

▲ 大面积卫浴间可安装局部灯来进行局部照明

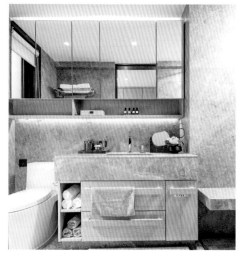

▲可在镜子周围安装化妆灯，营造出高雅、温馨的氛围

7 衣帽间照明

照明需求：最好采用接近自然光的光源，以便使衣服的颜色接近正常，方便选择。

设计方法：房间内照明要充足，必要时增加辅助照明，以便翻找之需。此外，应注意灯光、色调等元素的合理与个性，以使其既融入居室整体风格，又能保持独特的情调。

▲ 衣帽间的灯光接近柔和的自然光，令衣物的颜色得到最真实的展现

▲ 衣帽间的灯具可以根据整体风格选择

⑧ 玄关照明

照明需求：为整个玄关提供照明，并兼有一定的装饰照明作用。

设计方法：一般在玄关处可配置较大的吊灯或吸顶灯作主灯，再添置些射灯、壁灯、荧光灯等作辅助光源。还可以运用一些光线朝上射的小型地灯作点缀。

▲ 小型的吊灯令玄关更有层次感

▲ 玄关顶面采用射灯，使玄关空间光线充足又不会分散

小贴士

用能够营造气氛的灯光来点缀玄关，使玄关处光线得当。从室外进入到室内，适当的照明非常重要，轻快柔和的灯光能让人感到轻松、愉快。暖色和冷色的灯光在玄关内均可以使用。暖色制造温情，冷色更清爽。

⑨ 过道照明

照明需求：提供充足的照明，又不会使空间显得压抑。

设计方法：过道的灯光应该有层次，通过无形的灯光变化让空间富有生命力。而在灯具的选择上，不需要花大钱，那些小巧而实用的射灯和壁灯就是最好的选择。

▶ 过道空间不仅有主光源的映射，而且有壁灯的加入，与主光源相辅相成，共同演绎着空间温馨的基调

小贴士

过道应保持光线充足，避免使用五颜六色的灯饰，色彩太多的灯具会使走动的人产生幻觉，情绪不安，最好用色调单一的灯具或只用一两个吸顶灯照明。建议采用黄色光线的日光灯，因黄色光线可增添走廊的生气，起到驱寒提神的作用。

⑩ 楼梯照明

照明需求：在柔和的同时要达到一定的清晰照度。

设计方法：楼梯所处的位置，大多给人感觉较暗，所以光源的设计就变得尤为重要。主光源、次光源、艺术照明等方面都要根据实际情况而定。过暗的灯光不利于行走安全，过亮又易出现眩光。

▶ 扶手下的隐藏灯带和底部射灯为楼梯空间提供了均匀、柔和的光线

▶ 金属吊灯不仅能提供良好的光源也能带来精美大气的装饰效果

第五章
家具设计

家具是人类生活中必不可少的器具，也是室内设计中非常重要的环节。随着生活水平的提高和科学技术的发展，人们对居住质量的要求也越来越高，家具的正确选择与在室内空间的合理配置是提升住宅品质的重要因素。对于优秀的设计师而言，家具不仅仅是满足人们日常生活需求的设备，也可以成为住宅空间的装饰点。

第一节
认识家具

一、家具的概念与作用

家具是日常生活、工作中不可或缺的必需品，是建立居住、生活空间的重要基础。家具随着时代的脚步不断演变、发展，在满足使用需求的基础上衍生出多样化的功能。

❶ 概念

家具是指在生活、工作或社会实践中，供人们坐、卧或支撑以及贮存物品的器具。家具在我们的生活中扮演着重要的角色，它一方面是物质产品，另一方面也是艺术创作。当家具与人类生活产生联系以后，便寄托了人们的情感，成为人们表达情绪的工具。因此，在室内设计中，家具的运用除了满足最基本的生活起居的要求之外，还用来表现空间的整体风格，反映居住者的职业特征、审美趣味及素养品位。

▲ 家具不光满足日常生活需求，也逐渐成为美化空间的装饰性物件

小贴士

家具是由材料、结构、外观形式和功能四种因素组成，其中功能是先导，是推动家具发展的动力；结构是主干，是实现功能的基础。这四种因素互相联系，又互相制约。由于家具是为了满足人们一定的物质需求和使用目的而设计与制作的，因此家具还具有材料和外观形式方面的因素。

② 作用

（1）识别空间的作用

空间的功能性质很大程度上是由家具的类型所决定的，可以说家具是空间实际用途的直接表达者，比如摆放了床的空间便成为卧室，用来满足休憩需求；而摆放了餐桌与餐椅的空间则是餐厅，用来满足进食需求。因此，家具可以充分反映出一个空间的使用目的及使用者的个人特征等，从而为空间赋予一定的环境意义。

▲客厅空间——沙发、茶几

▲餐厅空间——餐桌椅

▲卧室空间——床

▲书房空间——书柜、书桌椅

（2）分隔与组织空间的作用

在现代室内空间设计中，为提高空间的使用率和灵活性，常常使用家具分隔空间，将小空间或大空间进行重新分隔和组织，给使用者形成心理暗示。如博古架形体通透，使用这类家具可以起到隔而不断的效果，使两个空间可以相互协调、渗透，在合理划分空间的同时，也增加了空间的灵动性。

▲ 玄关和客厅空间以半隔断的玄关柜为分隔界限，划分出入门区域和客厅区域

（3）强调空间功能性的作用

不同的家具按不同的使用需求安排在不同的区域中，可以使空间自然而然形成具有自身功能特点的独立领域，即使家具之间没有明显的家具或构配件阻挡交通和视线，空间的独立性也能明显地为人所感知。在小户型中，由于面积小，无法使用墙体划分出那么多的独立空间，这时候家具就是空间功能的明确标尺。比如，在客厅的一个角落摆放连体的书桌跟书架，那么这个空间即使在客厅这个大的空间中，也能给人以书房的功能印象。

◀ 小空间利用半透明书架作为空间功能的标尺

（4）装饰空间的作用

在早期的古典家具造型上，为了体现不同阶级之间的差别，家具设计上也有"繁琐雕绘"和"简洁质朴"的区别，但随着包豪斯时代的到来，家具设计越来越趋向于简洁化，虽然形体上没有过多的修饰，但它的功能性并没有改变，除了满足日常生活的需要外，也对不同风格空间存在美化装饰的作用。

▲ 空间风格的确定除了大的空间环境的确立外，还需要在家具造型上与之呼应，从而达到美化的整体作用

（5）营造空间氛围的作用

不同造型、材料、色彩、装饰风格的家具对整个室内空间的气氛和意境起着不可忽视的作用。如欧洲古典家具都有错综复杂的雕花和镶嵌，给人以高贵、华丽、典雅的印象；中国传统的红木家具都比较古朴、典雅，给人以稳定感，具有极强的民族特色；藤编家具具有植物的清新、优雅、质朴，让人感觉到人文特质和乡土气息。每件家具都有自己的属性和特点，所以当把它放置在一个空间中，自然会对空间的气氛产生影响。

▲ 全实木家具，营造出自然、质朴的环境氛围

二、家具与室内设计的关系

家具设计和室内设计的基本点都是建立在"以人为本"的理念上，其根本目的都是为了满足人类生活的需要。室内设计通过色彩、材质、软装、硬装等元素来展现设计风格与理念，而家具则是通过材料、结构、形式、功能来服务于人。

❶ 家具和室内设计的共性

室内设计往往会受地域、时代等外部大环境的影响。纵观不同时代、不同区域会发现，每一种风格的室内设计，都会有与该风格相匹配的同样风格的家具。例如中式风格，出于受到传统文化的影响，室内设计将中华传统精神与文化融入生活空间中，或庄严肃穆，或淳朴自然，都体现了传统思想的渗入。而家具的布置讲究位置的工整对称，形成与传统社会的等级、伦理观念相符的环境氛围。

在生活中，氛围优雅、舒适的餐厅或咖啡厅，会以同样柔和、自然的家具进行搭配，让整个室内环境都十分悠闲随意；空间豪华的别墅或公寓，则常选用精致而奢华的沙发、橱柜、床等家具，使空间呈现出富丽与大气。

▲空间整体为简欧风格，家具的选用延续该风格轻奢优雅的特性，多为精致的曲线镀金家具

▲空间风格为朴素淡雅的日式风格，家具的选择上以自然材质的家具为主，线条造型柔和、低调

❷ 家具是室内设计中心呈现的载体

优秀的室内设计应该有个视觉中心，即能在整个空间脱颖而出的设计重点，它能给人以强烈的视觉冲击，是室内空间中的标志，也是反映空间特性和风格的点睛之笔。家具是能够呈现室内设计中心的重要载体之一，它可以单独或组合出现在空间中作为视觉亮点，也是设计师用来点明空间主题或特性时最常使用的工具之一。

▲不同个性造型的形态躺椅与创意组合茶几搭配，创造出客厅视觉亮点

三、家具的类别

家具的使用功能，是指家具的具体作用。对应不同的生活需求，比如吃饭、睡觉、会客等活动，有不同的家具来满足，分别满足人们不同的使用需求。

❶ 根据功能分类

坐卧性家具	贮存性家具	凭倚性家具	陈列性家具
如椅、沙发、床等，满足人们日常的坐、卧需求；尺度要求细分	主要用来收藏、储存物品，包括衣柜、壁橱、书柜、电视柜等	人在坐时使用的餐桌、书桌等，及站立时使用的吧台等	包括博古架、书柜等；主要用于家居中一些工艺品、书籍的展示

❷ 根据风格分类

现代家具	后现代家具	欧式古典家具	新古典家具
造型比较简洁、利索，体现出现代家居的实用理念	造型较个性，突破传统，给人造成视觉上的冲击力	造型复古而精美，雕花是其常用装饰，体现出奢华感	相较于欧式古典家具少了几分厚重，多了几分精致

续表

中式古典家具	新中式家具	北欧家具	日式家具
具有传统的古典美感，精雕细琢，体现出设计者的匠心	相比中式古典家具线条更加简化，符合现代人生活习惯	线条简洁、造型流畅，符合人体工学，多为板材家具	具有禅意，较低矮，材质一般为竹、木、藤，体现自然气息
美式家具	田园家具	东南亚家具	地中海家具
形态厚重、线条粗犷，体现出自由、奔放的姿态	少不了布艺、碎花和格子，体现出清新而轻松的自然风情	以竹藤、木雕材质为主，体现出热带风情，给家居带来自然韵味	表现出海洋的清新感，其中船类造型经常用到

❸ 根据家居空间应用分类

（1）客厅

双人沙发	三人沙发	转角沙发	单人沙发
小户型单独使用或做主沙发，2＋1＋1组合；大户型做辅沙发，3＋2＋1组合	小户型单独使用，大中户型适合用做主沙发，以3＋2＋1或3＋1＋1的形式组合使用	小户型中单独使用，或中、大户型作主沙发，以转角＋2或转角＋1的形式组合	作为沙发的辅助装饰性家具，大户型家居可成对出现，小户型最好使用一个

续表

沙发椅	沙发椅	沙发椅	条几
作为辅助沙发，以3+1+沙发椅或2+1+沙发椅的形式组合使用，增加休闲感	作为点缀使用于沙发组合中，可选择与沙发组不同颜色或花纹的款式，能够活跃整体氛围	可结合户型的面积以及沙发组的整体形状来具体选择使用方形还是长方形	沙发不靠墙摆放时，可用在沙发后面，或用在客厅过道中，用来摆放装饰品

角几	边柜	电视柜	组合柜
用于沙发组合的角落空隙中	用于客厅过道或侧墙，储物及摆放装饰品	摆放电视机或者相关电器及装饰品	用于电视墙，通常包含电视柜及立式装饰柜

（2）餐厅

餐桌椅	角柜	餐边柜	酒柜
餐厅中主要定点家具，可根据餐厅面积、风格选择	三角造型，用于转角处，占地面积小，摆放装饰品或酒品	靠墙放置，可摆放装饰品，与装饰画墙组合效果更佳	适合有藏酒习惯的家庭，通常适用于大中户型

（3）卧室

床	床头柜	斗柜	衣柜
卧室中主要定点家具，大小及款式可根据卧室的面积来选择	用于床两侧，收纳及摆放台灯及物品，与床选择整套式的款式最佳	和床头柜的功能相似，装饰性更强，一般欧式、美式风格中常见	存放衣物，可买成品家具，也可定制，定制款式与家居空间吻合度更高
榻	床尾凳	梳妆台	衣帽架
适用大面积卧室，摆放在床边做短暂休息之用	适用大面积卧室，放置在床尾，用来更换衣物及装饰	适用于有女士的卧室中，大小根据卧室面积选择	体积小，可移动，可悬挂衣帽，特别适合衣柜小的卧室

（4）书房

书桌椅	书柜	书架	休闲椅
书房主要家具，大小可根据书房面积及风格选择	体积较大，容纳量高，适合藏书丰富的家庭	体积比书柜小，更灵活，适合面积不大的书房	适用面积较大的书房，放在门口或窗边，用于待客交谈

四、家具的布置原则

家具的布置应该大小相衬，高低相接，错落有致。摆放必须做到充分利用空间，摆放一定要合理。

❶ 比例与尺度原则

在美学中，最经典的比例是"黄金分割"；尺度是不需要具体尺寸，凭人的感觉得到对物品的印象。比例是理性的、具体的；尺度则是感性的、抽象的。如果没有特别的偏好，不妨就用 1 : 0.618 的完美比例来划分空间进行家具布置，这会是一个非常讨巧的方法。

▲ 家具采用同一比例的布置方式虽然会让空间显得协调，但也会略显刻板。在局部，尺度一定要有所变化，这样才能营造空间的层次感

❷ 稳定与轻巧原则

四平八稳的家具布置给人内敛、理性的感觉，轻巧灵活的布置则让人感觉流畅、感性。把稳定用在整体，轻巧用在局部，就能造就完美的家居空间。

▲ 靠窗一侧的沙发摆放中规中矩，对面放置两把灰色的单人沙发，增强了家具布置的灵活性

小贴士

值得注意的是，一定要拿捏好稳定与轻巧的关系，从家具的造型、色彩上都注意轻重结合，这样才能对整体空间有合理的布局。

❸ 对比与协调原则

在家居空间中，对比无处不在，无论是风格上的现代与传统、色彩上的冷与暖、材质上的柔软与粗糙，还是光线的明与暗。没有人会否认，对比能增添空间的趣味。但是过于强烈的对比会让人一直神经紧绷，协调无疑是缓冲对比的一种有效手段。在家居布置上也应该遵循这一原则。

▲ 客厅中的沙发色彩一冷一暖，形成色彩上的对比，但造型与材质则较协调统一

❹ 节奏与韵律原则

在音乐里，节奏与韵律一直是密不可分的，在家具布置上同样存在着节奏与韵律。节奏与韵律是通过家具的大小、造型上的直线与曲线、材质的疏密变化等来实现的。

▶ 具有平直线条的沙发为居室带来简洁美，与曲线茶几相搭配，带来韵律感

❺ 对称与均衡原则

在家具布置上，对称与均衡无处不在。对称是指以某一点为轴心，求得上下、左右的均衡。现在居室的家具布置中往往在基本对称的基础上进行变化，造成局部不对称或对比，这也是一种审美原则。另有一种方法是打破对称，或缩小对称在室内装饰的应用范围，使之产生一种有变化的对称美。

▲ 餐桌两边是造型一致、颜色不同的餐椅，形成变化中的对称，在形式和色彩上达成视觉均衡，产生一种有变化的对称美

❻ 过渡与呼应原则

　　家具的形色不尽相同，所以一定要注意个体家具之间、家具与整体环境之间的过渡与呼应。如果家具的造型都为简洁型，为避免单调，可以在布艺和饰品上做功夫，选择具有特色的物件，为居室带来视觉上的和谐过渡。

▲ 沙发与茶几都是简洁的造型，彼此之间有很好的呼应；茶几上的工艺饰品则给视觉一个和谐的过渡，使得空间变得非常流畅、自然

❼ 主要与次要原则

　　主次关系是家具布置需要考虑的一个基本因素。要确定主次关系并不难，一般与家具在空间中的地位有关。在大空间和谐的基础上，不妨试试通过一两件有格调的、独特的家具来构建自己的风格。

▲ 即使主要家具沙发样式简单低调，造型感十足的次要家具茶几与座椅也能为空间建立独特氛围感

❽ 单纯与风格原则

　　家具最好配套购买，以达到家具的大小、颜色、风格和谐统一。家具与其他设备及装饰物也应风格统一、有机地结合在一起。如果组合不好，即使是高档家具也会显不出特色，失去应有的光彩。

▲ 简欧风格的居室中沙发造型简洁，单独出现的茶几虽然在造型上有所变化，却与整体家居风格丝毫不冲突

第二节
家具摆放形式与人体工学

一、常用家具尺寸

室内设计的调性不同，则在家具的风格和样式的选取上也会有多种方式。了解了常见家具的尺寸，再设计时才能根据使用要求、空间大小来选取家具。

客厅常见家具尺寸表

单位：mm

扶手椅			靠背椅		
座深 400~480	座宽大于 480	座高 400~440	座宽大于 400	座深 320~460	座高 400~450
装饰柜			电视柜		
宽 800~1500	深 300~450	高 1500~1800	宽 800~2000	深 350~500	高 400~550

续表

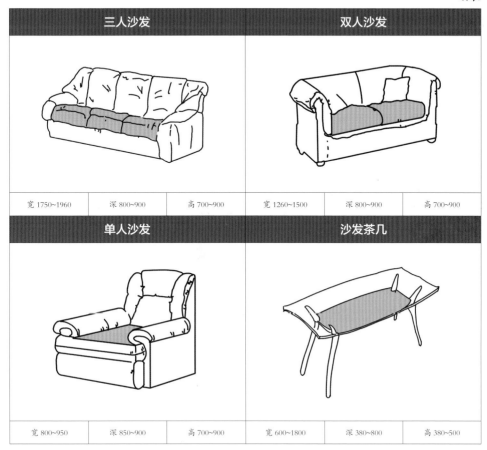

三人沙发			双人沙发		
宽 1750~1960	深 800~900	高 700~900	宽 1260~1500	深 800~900	高 700~900
单人沙发			沙发茶几		
宽 800~950	深 850~900	高 700~900	宽 600~1800	深 380~800	高 380~500

餐厅常见家具尺寸表

单位：mm

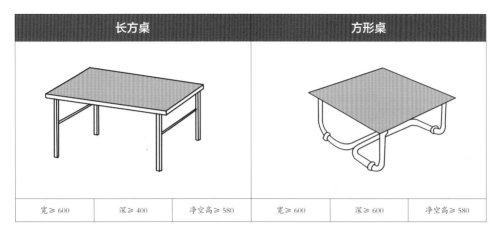

长方桌			方形桌		
宽 ≥ 600	深 ≥ 400	净空高 ≥ 580	宽 ≥ 600	深 ≥ 600	净空高 ≥ 580

续表

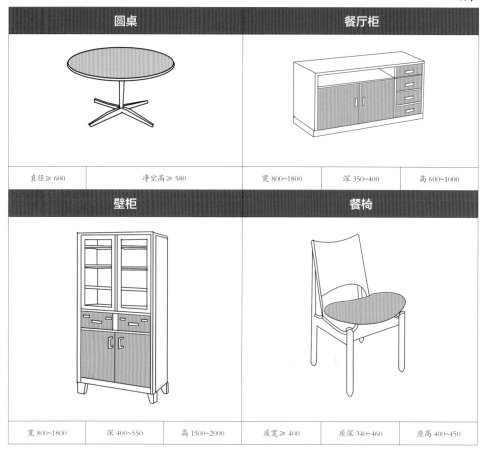

圆桌		餐厅柜		
直径≥600	净空高≥580	宽 800~1800	深 350~400	高 600~1000
壁柜		餐椅		
宽 800~1800	深 400~550	高 1500~2000	座宽≥400	座深 340~460	座高 400~450

卧室常见家具尺寸表

单位：mm

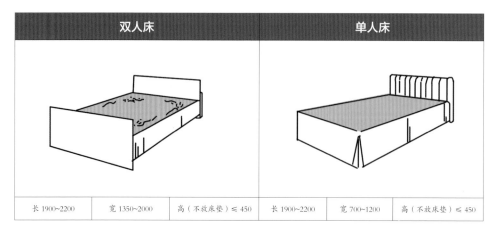

双人床			单人床		
长 1900~2200	宽 1350~2000	高（不放床垫）≤450	长 1900~2200	宽 700~1200	高（不放床垫）≤450

续表

双门衣柜			三门衣柜		
宽 1000~1200	深 530~600	高 2200~2400	宽 1200~1350	深 530~600	高 2200~2400
折叠沙发床			五斗橱		
长 2050~2100	宽 550~600	高 400~440	宽 900~1350	深 500~600	高 1000~1200
双层床			梳妆台		
长 1900~2020	宽 800~1520	高（不放床垫）≤ 450 （层间高大于 980）	宽 ≥ 500	深 610~760	桌面高 ≤ 740

续表

婴儿床			床头柜		
长 1000~1250	宽 550~700	高 900~1100	宽 400~600	深 300~450	高 450~760

厨房常见家具尺寸表

单位：mm

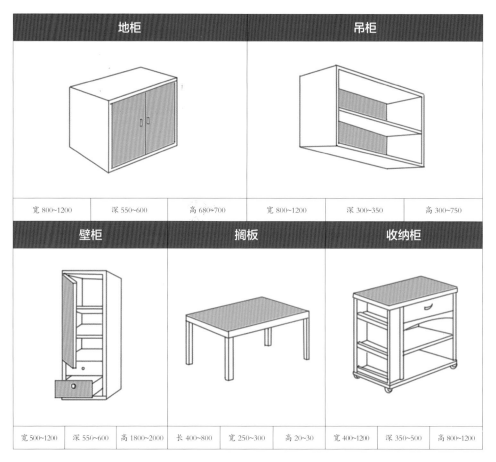

地柜			吊柜		
宽 800~1200	深 550~600	高 680~700	宽 800~1200	深 300~350	高 300~750
壁柜			搁板		收纳柜
宽 500~1200	深 550~600	高 1800~2000	长 400~800	宽 250~300	高 20~30

收纳柜		
宽 400~1200	深 350~500	高 800~1200

卫浴常见洁具尺寸表

单位：mm

台盆柜			碗盆柜		
宽 600~1500	深 450~600	柜高 800~900（台柜设计） 450~650（吊柜设计）	宽 600~1200	深 400~550	柜高 600~700（台柜） 350~400（吊柜）
电热水器			坐便器		
长 700~1000	直径 380~500		宽 400~490	高 700~850	座高 390~480 座深 450~470
立式洗面器			滚筒洗衣机		浴缸
宽 590~750	深 400~475	高 800~900	宽 600	深 450~600	高 850	长 1500~1900	宽 700~900	高 580~900

二、家具布置形式

家具的布置需要考虑到的不光是美观度，还要符合日常活动的实际需求，同时要结合居住者活动的路线和尺寸来决定家具摆放的形式和布局的合理性。

1 常见客厅家具摆放形式

（1）沙发＋茶几

适用空间：小面积客厅。

布置要点：家具的元素比较简单，因此在家具款式的选择上，可以多花点心思，别致、独特的造型款式能给小客厅带来变化的感觉。

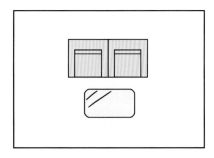

▲ 沙发＋茶几

（2）三人沙发＋茶几＋单体座椅

适用空间：小面积客厅、大面积客厅均可。

布置要点：如果担心三人沙发加茶几的形式太规矩，可以加上一两把单体座椅，打破空间的简单格局，也能满足更多人的使用需要。

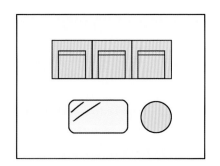

▲ 三人沙发＋茶几＋单体座椅

（3）L形摆法

适用空间：大面积客厅。

布置要点：三人沙发和双人沙发组成L形，或者三人沙发加两个单人沙发等多种组合变化，让客厅更丰富多彩。

（4）围坐式摆法

适用空间：大面积客厅。

布置要点：主体沙发搭配两个单体座椅或扶手沙发组合而成的围

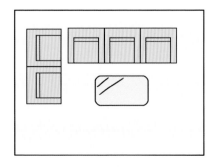

▲ L形摆法

坐式摆法，能形成一种聚集、围合的感觉。

（5）对坐式摆法

适用空间：小面积客厅、大面积客厅均可。

布置要点：将两组沙发对着摆放的布局方式非常方便家人、朋友间的交流，面积大小不同的客厅，只需变化沙发的大小就可以了。

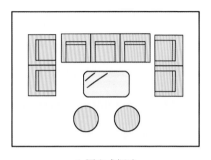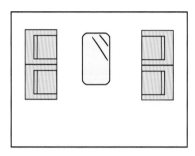

▲ 围坐式摆法　　　　　　　　　　　　▲ 对坐式摆法

❷ 常见餐厅家具摆放形式

（1）独立式餐厅

适用空间：大面积餐厅。

布置要点：餐桌、椅、柜的摆放与布置须与餐厅的空间相结合，如方形和圆形餐厅，可选用圆形或方形餐桌，居中放置。

（2）一体式餐厅——客厅

适用空间：小面积餐厅。

布置要点：餐桌椅一般贴靠隔断布局，灯光和色彩可相对独立，除餐桌椅外的家具较少，在设计规划时应考虑到多功能使用性。

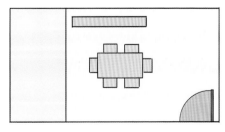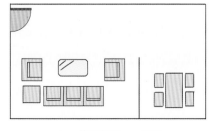

▲ 独立式餐厅　　　　　　　　　　　　▲ 一体式餐厅——客厅

（3）一体式餐厅——厨房

适用空间：小面积餐厅、大面积餐厅均可。

布置要点：这种布局能使上菜快捷方便，能充分利用空间。因此，两者之间需要有合适的隔断，或控制好两者的空间距离。

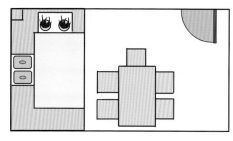

▲ 一体式餐厅——厨房

③ 常见卧室家具摆放形式

（1）正方形小卧室

适用空间：小面积卧室、大面积卧室均可。

布置要点：一般 $10m^2$ 左右的卧室，床可以放中间，将衣柜的位置设计在床的一侧，两边留 50cm 左右的空间才足够；$10m^2$ 大的卧室要采用双人床的话，要预留三边的走动空间，这种摆设比较容易。

（2）横长形小卧室

适用空间：小面积卧室、大面积卧室均可。

布置要点：若卧室小于 $10m^2$，则建议将床靠墙摆放，衣柜靠短的那面墙摆放，这样可以节省出放置梳妆台或是书桌的空间。同时，可采用收纳型床或榻榻米，这样床底可用来存放棉被等物品，做到把收纳归于无形，避免因为太多杂物而干扰动线。

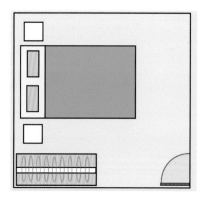

▲ 正方形小卧室

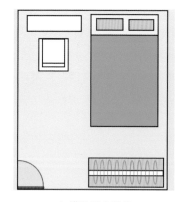

▲ 横长形小卧室

（3）横长形大卧室

适用空间：小面积卧室、大面积卧室均可。

布置要点：若卧室的空间超过 16m^2，可把衣帽间规划在卧室角落或是卧室与卫浴间的畸零空间里；也可利用 16m^2 的大卧室隔出读书空间或者是休闲空间。一般卧室内的间隔最好采用片段式的墙体、软隔断或家具来分隔，这样能最大限度地保证空间的通透性。

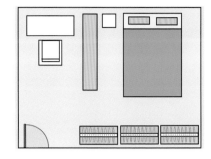

▲ 横长形大卧室

④ 常见书房家具摆放形式

（1）一字形

适用空间：小面积书房。

布置要点：一字形摆放是最节省空间的形式，一般书桌摆在书柜中间或靠近窗户的一边，这种摆放形式令空间更简洁时尚。一般搭配简洁造型的书房家具。

（2）T 形

适用空间：小面积书房。

布置要点：将书柜布满整个墙面，书柜中部延伸出书桌，而书桌却与另一面墙之间保持一定距离，成为通道。这种布置适合于藏书较多、开间较窄的书房。

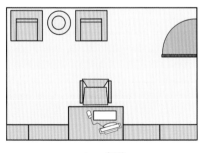

▲ 一字形

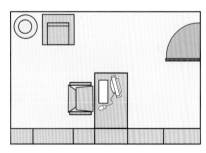

▲ T 形

（3）L 形

适用空间：大面积书房。

布置要点：书桌靠窗放置，而书柜放在边侧墙处，这样的摆放方式可以方便书籍取阅，同时中间预留的空间较大。可以作为休闲娱乐区使用。

（4）并列形

适用空间：小面积书房、大面积书房均可。

布置要点：墙面满铺书柜，作为书桌后的背景，而侧墙开窗，使自然光线均匀投射到书桌上，清晰明朗，采光性强，但取书时需转身，也可使用转椅。

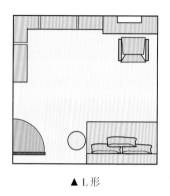

▲ L 形

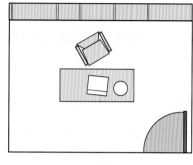

▲ 并列形

❺ 常见厨房家具设备摆放形式

（1）一字形

适用空间：小面积厨房。

布置要点：在厨房一侧布置橱柜等设备，功能紧凑，能方便合理地提供烹调所需空间、以水池为中心，在左、右两边分开操作，可用于开间较窄的厨房。

（2）对面形

适用空间：大面积厨房。

布置要点：沿厨房两侧较长的墙并列布置橱柜，将水槽、燃气灶、操作台设为一边，将配餐台、储藏柜、冰箱等电器设备设为另一边。

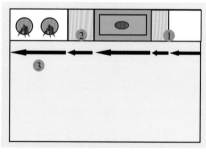

▲ 一字形

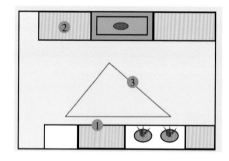

▲ 对面形

（3）L 形

适用空间：小面积厨房、大面积厨房均可。**布置要点**：将台柜、设备贴在相邻墙上连续布置，一般会将水槽设在靠窗台处，而灶台设在贴墙处，上方挂置抽油烟机。

（4）岛形

适用空间：大面积厨房。

布置要点：在较为开阔的 U 形或 L 形厨房的中央，设置一个独立的灶台或餐台，四周预留可供人流通的走道空间。在中央独立形的橱柜上可单独设置一些其他设施，如灶台、水槽、烤箱等，也可将岛形橱柜作为餐台使用。

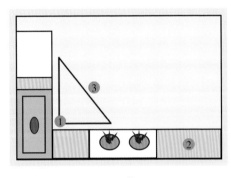
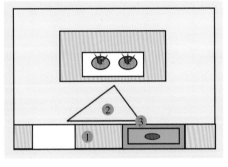

▲ L 形　　　　　　　　　　　　　　　▲ 岛形

（5）U 形

适用空间：大面积厨房。

布置要点：将厨房相邻三面墙均设置橱柜及设备，相互连贯，操作台面长，储藏空间充足。橱柜围合而产生的空间可供使用者站立，左右转身灵活方便。

（6）T 形

适用空间：小面积厨房、大面积厨房均可。

布置要点：在 U 形的基础上改制而成，将某一边贴墙的橱柜向中间延伸突出一个台柜结构，此结构可作为灶台或餐台使用，其他方面与 U 形基本相似。

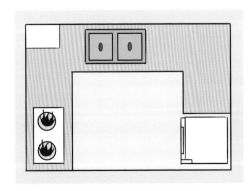
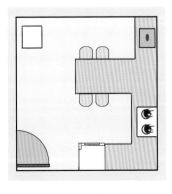

▲ U 形　　　　　　　　　　　　　　　▲ T 形

⑥ 卫浴间家具洁具布置形式

（1）半套卫浴间

适用空间：小面积卫浴间。

布置要点：坐便器尽量放在门后或是墙边角落，同时应注意两侧最少要保持70cm 以上。卫浴空间的动线要考虑以圆形为主，将主要动线留在洗脸台前，其他地方只要能保证正常通行即可。

（2）双台面卫浴间

适用空间：大面积卫浴间。

布置要点：长方形的卫浴空间相对来说方便分隔，可以把洗手台放在门后，如若空间允许可延伸成双洗手台设计；浴缸则放在另外一侧，中间位置就相对空旷了，可以在靠近浴缸一侧摆放坐便器。

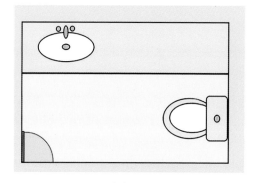

▲ 半套卫浴间

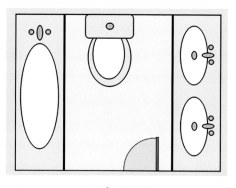

▲ 双台面卫浴间

（3）四件式卫浴间

适用空间：小面积卫浴间、大面积卫浴间均可。

布置要点：若卫浴间空间较大，除了坐便器、洗脸台、浴缸外，还可以规划出独立的淋浴区，做到干、湿分离，这样使用起来会更加方便。相对于正方形卫浴间，长方形卫浴间更适合四件式卫浴间规划，建议将坐便器及洗脸台规划成同一列，浴缸及淋浴区则为另一列，这样不但节省空间，动线使用也更为流畅。

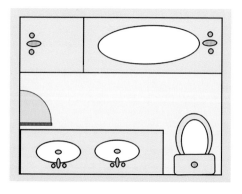

▲ 四件式卫浴间

三、家具与人体工学

① 客厅家具与人体工学

① 1500~2100mm：沙发与电视距离，具体需根据客厅以及电视的尺寸来确定

② 300~450cm：茶几跟主沙发之间要保留的距离

③ 1000~1300mm：入坐时，双眼到电视机中心点的高度

① 300~400mm：茶几的高度应与沙发、座椅被坐时的高度一致

② 760~910mm：茶几与座椅之间的可通行距离

③ 墙面的 1/2 或 1/3：沙发靠墙摆放的最佳宽度

❷ 餐厅家具与人体工学

① 1210~1520mm：从桌子到墙的总距离，这个适用于人就餐时，椅子后方可以供一人舒适行走的距离
② 450~610mm：为餐椅拉出的舒适距离，若餐厅面积过小，则按照椅面座深设计即可
③ 760~910mm：餐椅到边柜的通行宽度，极限情况下需侧身通行

① 3350~3660mm：此为标准的六人用圆桌餐桌直径，圆桌更有益于家人之间的交流
② 450~610mm：圆桌就座区的宽度
③ ≥305mm：餐椅与墙面的最小距离，小于305mm则一人侧身通过时可能会有困难
④ 3350~3650mm：两侧都可供人侧身通过的六人餐桌布置区间，若餐厅面宽和进深无法满足则要考虑更换布置方式

③ 卧室家具与人体工学

① 500~600mm：衣柜设在床的侧面时床与衣柜之间的最小距离
② 床的面积最好不要超过卧室面积的 1/2，理想的比例是 1/3
③ 400~600mm：床头柜的宽度

① 1060~1220mm：卧室放置一张桌子时和椅子距离床的适宜距离
② 500~750mm：桌子的宽度容纳座椅的最佳深度
③ 500~600mm：床周围可供一人通行需要预留的距离

4 厨房家具与人体工学

① 890~920mm：炉灶的标准高度

② 600~1800mm：使用者站立时举手伸到吊柜至垂手开低柜门的距离

③ 700mm：应是炉面到抽油烟机底的距离

① 1400~1765mm：落地冰箱的高度。选用柜下布置冰箱时，要事先考虑到冰箱尺寸，防止塞不下或者空隙过大，不美观的现象发生

② ≥ 914mm：冰箱前预留的走道的距离，冰箱前有足够的距离才能满足冰箱开关门以及人蹲下取物时的需要

① 890~915mm：水槽面的高度

② ≥ 305mm：水槽边缘与拐角处台面之间的最小距离，任意一侧满足此项条件即可

③ 710~1065mm：双眼水槽的长度。若设置单眼水槽，其长度为440~610mm

❺ 卫浴间家具与人体工学

① 男性：940~1090mm；女性：815~914mm；儿童：660~813mm：手盆的高度尺寸。可根据具体的使用者进行定制化设计，优化动线的立体呈现

② 305~460mm：坐便器侧边预留距离尺寸。坐便器周边尺寸需要保证足够的活动空间，以便于伸手拿到手纸、杂志等物品

③ ≥ 450mm：坐便器到障碍物的距离。坐便器前方需要留出保证如厕动作流畅、方便的距离

① 455~760mm：洗手台到障碍物或者墙的距离。455mm 是人弯腰洗脸所需的最小距离

② 355~410mm：两洗手台之间的距离

③ 533~610mm：洗手台台面的深度

第六章
软装设计

软装是室内设计中非常重要的环节，不仅可以给居住者视觉上的美好享受，也可以让人感觉到温馨、舒适。一名优秀的软装设计师，一方面需要了解足够数量的软装饰品，在选择时才有可能找到适合设计主题的元素，保证设计主题所指引的最终效果能够实现；另一方面必须掌握熟练的搭配技巧，运用对色彩、质感和风格的整体把握能力和审美能力。

第一节
软装的基础知识

一、软装的含义及类别

"软装"是相对于建筑本身的硬结构空间提出来的,是建筑视觉空间的延伸和发展。现代人随着生活水平的提高,审美意识与审美能力也在逐步提高,对精神丰富与环境质量提出了更高要求,愈发注重居室装饰的个性化、风格化,"软装饰"在此基础上应运而生。

❶ 软装的含义

在室内设计中,室内建筑设计可以称为"硬装设计",而室内陈设艺术设计则被称为"软装设计"。软装一词其实是近几年来行业内约定俗成的一种说法。其实"软装"也可以叫作家居陈设,在某个空间内将家具陈设、家居配饰、家居软装饰等元素通过设计手法将所要表达的空间意境呈现在整个空间内,使空间得以满足人们的物质追求和精神追求。

▲ "软装"可以理解为一切室内陈设的可以移动的装饰物品

❷ 软装的功能分类

从功用方面，可以把软装分为功能性软装和修饰性软装两大类。功能性软装指的是家庭中必不可少的软装，要满足日常生活的需求的物品，如家具、布艺、灯具、餐具等。修饰性软装是指可以烘托环境气氛，强化室内空间特点的工艺品，如装饰画、工艺摆件、插花等。

（1）家具

家具是室内设计中的一个重要组成部分，是陈设中的主体。相对抽象的室内空间而言，家具陈设是具体生动的，形成了对室内空间的二次创造，起到了识别空间、塑造空间、优化空间的作用，进一步丰富了室内空间内容，具象化了空间形式。一个好的室内空间应该是环境协调统一，家具与室内融为一体，不可分割。

（2）布艺

布艺织物是室内装饰中常用的物品，能够柔化室内空间生硬的线条，赋予居室新的感觉和色彩，同时还能降低室内的噪声，减少回声，使人感到安静、舒心。其分类方式有很多，如按使用功能、空间、设计特色、加工工艺等。室内常用的布艺包括窗帘、地毯等。

（3）灯具

灯具在家居空间中不仅具有装饰作用，同时兼具照明的实用功能。灯具应讲究光、造型、色质、结构等总体形态效应，是构成家居空间效果的基础。造型各异的灯具，可以令家居环境呈现出不同的容貌，创造出与众不同的家居环境；而灯具散射出的灯光既可以创造气氛，又可以加强空间感和立体感，可谓是居室内最具有魅力的情调大师。

（4）装饰画

装饰画属于一种装饰艺术，给人带来视觉美感、愉悦心灵。同时，装饰画也是墙面装饰的点睛之笔，即使是白色的墙面，搭配几幅装饰画，即刻就可以变得生动起来。同一居室内最佳选择是同种风格的装饰画，也可以偶尔使用一两幅风格不同的装饰画做点缀，但需分清主次。

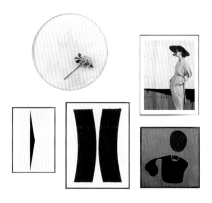

（5）工艺品

工艺品是通过手工或机器将原料或半成品加工而成的产品，是对艺术品的总称。工艺品来源于生活，又创造了高于生活的价值。在家居中运用工艺品进行装饰时，要注意不宜过多、过滥，只有摆放得当、恰到好处，才能拥有良好的装饰效果。

（6）花艺

装饰花艺是指将剪切下来的植物的枝、叶、花、果作为素材，经过一定的技术（修剪、整枝、弯曲等）和艺术（构思、造型、配色等）加工，重新配置成一件精致完美、富有诗情画意、能再现大自然美和生活美的花卉艺术品。花艺设计包含了雕塑、绘画等造型艺术的所有基本特征。

（7）绿植

绿植为绿色观叶植物的简称，因其耐阴性能强，可作为观赏植物在室内种植养护。选择绿植首先应考虑其摆放的位置和尺寸，然后结合喜阴或耐热等特性来确定摆放位置，而后考虑风格，如比较温馨或自然柔和的地中海风格，可随喜好选择各种绿植，但如果是色彩饱和度不高、偏灰色的装修风格，最好不要出现颜色十分艳丽、或有绣球形状花朵的种类。

二、软装设计在室内空间中的作用

传统式的硬装潮流已经退却，随之而来的是软装设计所引领的生活方式的塑造成为了现代家庭的重中之重，软装应用于室内设计中，不仅可以给居住者视觉上的美好享受，也可以让人感觉到温馨、舒适，其具有自身独特的魅力。

❶ 表现居室风格

室内环境风格按照不同的构成元素和文化底蕴，主要分为现代风格、中式风格、欧式风格、乡村风格、田园风格等。室内空间的整体风格除了靠前期的硬装来塑造之外，后期的软装布置也非常重要，因为软装配饰素材本身的造型、色彩、图案、质感均具有一定的风格特征，对室内环境风格可以起到更好的表现作用。

◀ 新中式风格

◀ 北欧风格

❷ 营造居室氛围

软装设计在室内环境中具有较强的视觉感知度，因此对于渲染空间环境的气氛具有巨大作用，不同的软装设计可以营造不同的室内环境氛围。例如，欢快热烈的喜庆气氛、深沉凝重的庄严气氛、高雅清新的文化艺术气氛等。

▲ 自然闲适的环境氛围

▲ 欢快喜庆的室内氛围

▲ 轻奢高雅的艺术氛围

❸ 组建居室色彩

在家居环境中，软装饰品占据的面积比较大。在很多空间里面，家具占的面积大多超过40%。其他如窗帘、床品、装饰画等软装的颜色，对整体房间的色调也会起到很大作用。

▲ 软装色彩决定卧室整体色调

▲ 客厅清雅自然的色彩印象来源于软装色彩的组合

❹ 改变装饰效果

　　许多家庭在装修时总会大动干戈，不是砸墙改造，就是在墙面做各种复杂造型，既费力，又容易造成安全隐患；而且随着时间的推移、设计潮流的改变，一成不变的装修会降低居住质量和生活品质。如果在家居设计时，少用硬装造型，而尽量多用软装饰家，不仅花费少、效果佳，还能减少日后翻新造成的资金浪费。

▲ 即使没有过多的硬装设计，仅以软装设计为主，也不会使家居有简陋感

▲ 好的软装设计也能够凸显风格感

⑤ 改变居室风格

软装更改、替换简单，可以随心情和四季变化进行调整。如在夏天，将家里换上轻盈飘逸的冷色调窗帘、棉麻材质的沙发垫等，空间氛围即刻清爽起来；冬天来临之际，则可以给家中换上暖色家居布艺，如随意在沙发摆放几个色彩鲜艳的靠垫，温暖气息便扑面而来。

▶ 想要现代简约感可以将床品换成无色系，增加金属质感的装饰摆件

▲ 追求清新干净的感觉，只要将床品换成蓝色系，再多添加点玻璃制品

第二节
软装设计搭配

一、软装设计原则

　　家居软装可以加强室内效果，往往起到画龙点睛的作用，增进生活环境的性格品位和艺术品位。不单单体现的是配饰本身的价值，还可以起到陶冶情操，移情遣兴。但在软装设计中要遵循必要的设计原则，才不至于导致喧宾夺主的居室效果。

❶ 先定风格再做软装

　　在软装设计中，最重要的概念就是先确定家居的整体风格，然后再用饰品做点缀。因为风格是大的方向，就如同写作的提纲，而软装是一种手法，有人喜欢隐喻，有人喜欢夸张，喜好不同却各有千秋。

▲ 中式风格的软装定调

▲ 中式实木家具　　　　　　▲ 中式实木家具　　　　▲ 中式布艺

❷ 先有规划再做软装

很多人以为，完成了前期的基础装修之后，再考虑后期的配饰也不迟，其实不然，软装搭配需要尽早规划，在新房装修之初，就要先将自己本身的习惯、好恶、收藏等全部列出，并与设计师进行沟通，使其在考虑空间功能定位和使用习惯的同时满足个人风格需求。

▶活跃的北欧风格软装定位

❸ 搭配合理的软装比例

软装搭配中最经典的比例分配莫过于黄金分割了，如果没有特别的设计考虑，不妨就用 1：0.618 的完美比例来划分居室空间。例如不要将小件的工艺品放在正中央，偏左或者偏右放置会使视觉效果活跃很多，但若整个软装布置采用的是同一种比例，也要有所变化才好，不然就会显得过于刻板。

▶工艺品摆件不必在一条线上，稍微偏左或偏右会更显活泼

二、软装设计流程

好的设计师对于家的设计是整体的，它牵扯到整个后期配饰和情景布置，所以软装设计工作应该在硬装设计之前就介入，或者与硬装设计同时进行，但是目前国内的软装设计流程基本还是硬装设计完成后，再由软装公司设计软装方案，甚至是在硬装施工完成后再由软装公司介入。

尺寸测量
- 测量各间尺寸
- 收集硬装节点
- 绘制平面图和立面图

业主沟通
- 捕捉业主深层需求
- 确定软装设计方案的整体色彩

方案初步构思
- 平面布置图的初步布局
- 拍照的素材进行归纳分析
- 初步选择软装配饰

制订方案
- 明确各项软装配饰的价格及组合效果
- 出台正式整体设计方案

二次空间复尺
- 方案初稿反复考量
- 再次核实饰品尺寸

签订设计合同
- 确定好价格和时间
- 确保厂家制作、发货的时间和到货的时间

讲解方案
- 为业主系统全面地介绍软装设计方案
- 征求其他家庭成员的意见

完善方案
- 深入分析业主对方案的理解
- 针对业主反馈意见改进方案

签订采买合同
- 先与软装配饰
- 厂商核定价格及存货，再与业主确定配饰

售后服务
- 对软装整体配饰进行保洁，并定期回访跟踪
- 出现问题，应及时送修

安装摆场
- 配饰产品到场时，亲自参与摆放

产品复查
- 在家具未上漆之前亲自到工厂验货
- 产品即将送到现场时，再次对现场空间进行复尺

三、软装元素的设计手法

软装元素不同，其设计的手法也不同。在设计时，需要根据实际室内情况和需求，结合软装元素布置基本原则和技巧，才能达到理想的设计效果。

❶ 家具

相对抽象的室内空间而言，家具陈设是具体生动的，是对室内空间的二次创造，起到了识别空间、塑造空间、优化空间的作用，进一步丰富了室内空间内容，具象化了空间形式。

（1）家具大小、数量与空间协调

住房面积较大时，可以选择较大的家具，数量也可适当增加。家具太少，容易造成室内空荡荡的感觉，且增加人的寂寞感；住房面积较小，应选择一些精致、轻巧的家具。家具太多太大，会使人产生窒息感与压迫感。注意数量应根据居室面积而定，切忌盲目追求家具的件数与套数。

▲ 空间较大的卧室

▲ 面积较小的客厅

（2）家具摆放考虑合理性

居室中家具的空间布局必须合理。摆放家具要考虑室内走动路线，使人的出入活动快捷方便，不能曲折迂回，更不能造成家具使用的不方便。摆放时还要考虑采光、通风等因素，不要影响光线照入和空气流通。

▶ 沙发与餐桌椅之间预留出行走路线，方便居住者就餐时通行、就坐

❷ 布艺织物

布艺是家中流动的风景，能够柔化室内空间生硬的线条，赋予居室新的感觉和色彩。同时还能够降低室内的噪声，减少回声，使人感到安静、舒心。

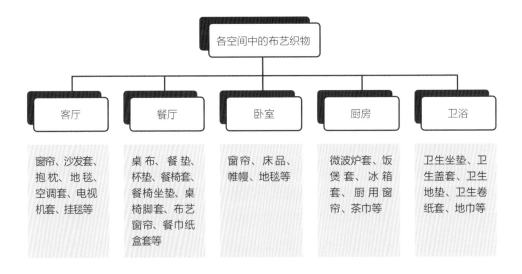

各空间中的布艺织物

客厅	餐厅	卧室	厨房	卫浴
窗帘、沙发套、抱枕、地毯、空调套、电视机套、挂毯等	桌布、餐垫、杯垫、餐椅套、餐椅坐垫、桌椅脚套、布艺窗帘、餐巾纸盒套等	窗帘、床品、帷幔、地毯等	微波炉套、饭煲套、冰箱套、厨用窗帘、茶巾等	卫生坐垫、卫生盖套、卫生地垫、卫生卷纸套、地巾等

（1）要与整体风格形成呼应

布艺选择首先要与室内装饰格调相统一，主要体现在色彩、质地和图案上。例如，色彩浓重、花纹繁复的布艺虽然表现力强，但不好搭配，较适合豪华的居室；浅色、简洁图案的布艺，则可以衬托现代感的居室；带有中式传统图案的布艺，更适合中式风格的空间。

▲ 布艺色彩与室内整体风格相匹配

（2）布艺选择应以家具为参照

一般来说，家具色调很大程度上决定着整体居室的色调。因此选择布艺色彩最省事儿的做法为——以家具为基本的参照标杆，执行的原则可以是：窗帘色彩参照家具，地毯色彩参照窗帘，床品色彩参照地毯，小饰品色彩参照床品。

▶ 窗帘的色彩参照家具的色彩构成

（3）布艺选择应与空间使用功能统一

布艺在面料质地的选择上，应尽可能选择相同或相近元素，避免材质杂乱。布艺选用最主要的原则是要与使用功能项统一，如装饰客厅可以选择华丽、优美的面料，装饰卧室则应选择流畅柔和的面料。

▲ 客厅布艺体现美观性

▲ 卧室布艺体现舒适性

❸ 灯具

家居空间是特别讲究照明层次的，不同的使用空间、不同的使用时间、不同的使用功能对亮度的要求也不尽相同，比如客厅会客和看电视、看书和喝茶对照度的要求不一样，卧室梳妆和起夜对亮度的要求同样差别很大。

（1）主光源搭配点光源来突出照明效果

吊灯、吸顶灯作为主光源，是室内光线的主要来源，但由于空间及照射角度的限制，有些地方可能需要额外的光源来补充光线，例如利用筒灯或射灯等点光源来提升空间内的光影变化，以及整体的照明亮度。这样可以使室内的照明效果更加有层次感。

▶ 采用多头吊灯与隐藏灯带相结合的方式，令室内照明更具层次感

（2）多种光源组合打造多样氛围

在室内空间中，使用多光源的照明方式，可以根据心情和需求打造不同氛围的空间，可以是明亮的、也可以是朦胧的，利用不同光源打造完全不一样的家居氛围。

▲ 水晶吊灯与射灯形成明亮而干净的会客氛围

（3）灯具应与家居风格相协调

灯具的选择必须考虑到家居装修的风格、墙面的颜色，以及家具的色彩等，否则灯具与居室的整体风格不一致，则会弄巧成拙。如家居风格为简约风格，就不适合繁复华丽的水晶吊灯；或者室内壁纸色彩为浅色系，理当以暖色调的白炽灯为光源，可营造出明亮柔和的光环境。

▲ 唯美大气的简欧风格客厅适合精美的水晶灯来装点

（4）灯具大小要结合室内面积

家居装饰灯具的应用需根据室内面积来选择，如 $12m^2$ 以下的居室宜采用直径为 20cm 以下的吸顶灯或壁灯，灯具数量、大小应配合适宜，以免显得过于拥挤；$15m^2$ 左右的居室应采用直径为 30cm 左右的吸顶灯或多叉花饰吊灯，灯的直径最大不得超过 40cm。

▶ 餐厅面积较大采用艺术吊灯不会显得突兀

④ 装饰画

　　装饰画属于一种装饰艺术，给人带来视觉美感、愉悦心灵。装饰画是墙面装饰的点睛之笔，即使是白色的墙面，搭配几幅装饰画也可以变得生动起来。

装饰画的悬挂方式

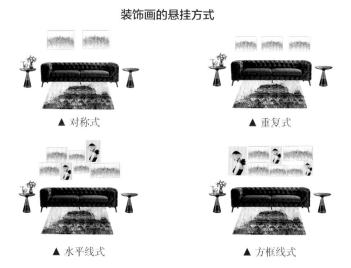

▲ 对称式　　　　　　　　　　　　▲ 重复式

▲ 水平线式　　　　　　　　　　　▲ 方框线式

（1）最好选择同种风格

　　室内装饰画最好选择同种风格，在一个空间环境里形成一两个视觉点即可。如果同时要安排几幅画，必须考虑之间的整体性，要求画面是同一艺术风格，画框是同一款式，或者相同的外框尺寸，使人们在视觉上不会感到散乱。

▲ 装饰画的种类最好统一、色彩与家具有所呼应

▲ 可以偶尔使用一两幅风格截然不同的装饰画做点缀，但如果装饰画特别显眼，同时风格十分明显，最好按其风格来搭配家具、靠垫等

（2）要给墙面适当留白

选择装饰画时，首先要考虑悬挂墙面的空间大小。如果墙面有足够的空间，可以挂置一幅面积较大的装饰画；当空间较局促时，则应当考虑面积较小的装饰画，这样才不会令墙面产生压迫感，同时，恰当的留白也可以提升空间品位。

▲ 尽管装饰画的图案、数量较多，但画框色彩与整体空间搭配和谐，不显凌乱

❺ 装饰镜

随着时代的进步，镜子的造型越来越多，不仅实用还具有装饰性，使用装饰镜不仅能够掩盖户型的缺点、扩大面积，还能烘托氛围。作为装饰作用时，镜子的颜色及造型应与家居空间的墙面、家具等装饰元素的风格相协调，才能够使人产生共鸣。

（1）悬挂位置选择要合理

在进行室内设计时，如果有条件可以将装饰镜安装在与窗户呈平行的墙面上，将窗外风景引入室内，增加室内的舒适感和自然感。若条件不允许，装饰镜的悬挂方位就要重点考虑反射物的颜色、形状与种类，避免室内显得杂乱无章。

▶ 装饰镜与窗户平行，视觉上将窗外风景延伸，使房间看起来更宽敞、明亮

（2）装饰镜的安装高度要适宜

安装装饰镜首先要规划好高度，不同房间对于装饰镜的安装也有不同要求。一般来说，小型装饰镜应保持镜面中心离地 160~165cm 为佳，太高或太低都可能影响日常使用。

▶ 空间较小，装饰镜的高度不宜过高

小贴士

由于阳光照在镜面上会对室内造成严重的光污染，起不到装饰效果，还会对家人的身体健康产生影响，所以在为镜子选择位置时，一定要避免被阳光直射的墙面。

⑥ 工艺挂盘

在中国古代时期就有将盘子作为工艺品做装饰的先例，例如青花瓷盘。将艺术盘类作为工艺品不仅美观，还具有一定的趣味性和艺术性。工艺挂盘的造型比较少，以圆形为主，材质不仅限于陶瓷，也有木盘等。

（1）装饰挂盘色彩与墙面色彩呼应

内容丰富、色彩鲜艳的挂盘，适合彩色墙面，为空间带来更多的明媚与活力；简单素雅的白色花纹挂盘装饰在深色墙面之上，则十分清雅；而在素白墙面上，搭配白底描花的挂盘会显得十分优雅。

▶ 白底花纹挂盘 + 彩色墙面

（2）装饰挂盘的设计需体现出整体感

装饰墙面的挂盘，一般不会单只出现，通常多只挂盘作为一个整体出现，这样才有画面感，但要避免杂乱无章。主题统一且图案突出的多只挂盘巧妙地组合在一起，才能起到替代装饰画的效果。

▶ 装饰挂盘中的主题与色彩均与空间中的其他物品有所呼应，形成整体统一的视觉效果

❼ 工艺品

工艺品想要达到良好的装饰效果，其陈列以及摆放方式都是尤为重要的，既要与整个室内装修的风格相协调，又要能够鲜明体现设计主题。不同类别的工艺品在摆放陈列时，要特别注意将其摆放在适宜的位置，而且不宜过多、过滥，只有摆放得当、恰到好处，才能拥有良好的装饰效果。

（1）对称平衡摆设制造韵律感

将两个样式相同或类似的工艺品并列、对称、平衡地摆放在一起，不但可以制造出和谐的韵律感，还可以使其成为空间视觉焦点的一部分。

▶ 工艺品对称平衡摆放

（2）同类风格的工艺品摆放在一起

家居工艺品摆放之前最好按照不同风格分类，再将同一类风格的饰品进行摆放。在同一件家具上，工艺品风格最好不要超过三种。如果是成套家具，则最好采用相同风格的工艺品，可以形成协调的居室环境。

▶ 工艺品风格不超过三种

（3）摆放时要注意层次分明

摆放家居工艺饰品要遵循前小后大、层次分明的法则。例如，把小件饰品放在前排，大件装饰品放在后置位，可以更好地突出每个工艺品的特色。

▶ 可以尝试将工艺品斜放，这样的摆放形式比正放效果更佳

（4）工艺品与灯光相搭配更适合

工艺品摆设要注意照明，有时可用背光或色块作背景，也利用射灯照明增强其展示效果。灯光颜色的不同，投射方向的变化，可以表现工艺品不同特质。暖色灯光能表现柔美、温馨的感觉；玻璃、水晶制品选用冷色灯光，则更能体现晶莹剔透，纯净无瑕。

▶ 明亮的灯光令工艺品更为晶莹剔透

小贴士

电视柜上可以摆放一些装饰品和相框，不要全部集中，稍微留点儿间距、前后层次，使这一区域变成悦目的小景。

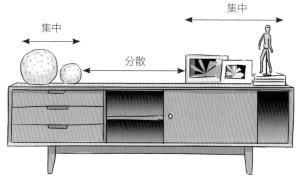

❽ 餐具

餐具是餐厅中重要的软装部分，精美的餐具能够让人感到赏心悦目，增进食欲，讲究的餐具搭配更能够从细节上体现居住者的高雅品位。或素雅、或高贵、或简洁、或繁复的不同颜色及图案的餐具搭配，能够体现出不同的饮食意境。

（1）中餐桌的布置

骨碟（大盘）离身体最近，正对领带餐布一角压在大盘之下，一角垂落桌沿，小盘叠在大盘之上，大盘左侧放手巾，左前侧放汤碗，小瓷汤勺放在碗内，右前侧放置红葡萄酒杯、白葡萄酒杯和烟灰缸，右侧放筷子和牙签。

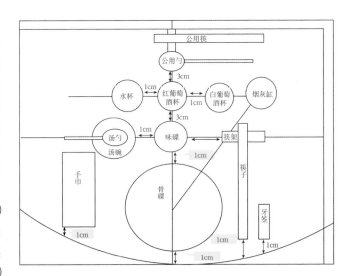

中餐中的骨碟（大盘）是作为摆设使用的，用来压住餐布的一角，没有其他用途，用骨碟（大盘）来盛放东西是不合餐桌礼仪的。

味碟在骨碟（大盘）之上，在汤碗和筷架的中间。用来盛放吃剩下的骨、壳、皮等垃圾。小盘里没有垃圾或者垃圾很少的情况下，也可以用来暂放用筷子夹过来的菜。

在红葡萄酒杯上方放置公用勺，公用勺上方放置公用筷，以此来给客人夹菜。

（2）西餐桌的布置

大餐盘位于餐桌的中央。面包碟被放置在大餐盘左侧，餐叉的上方，同时还会放置黄油刀。

将高脚水杯放置在客人正餐刀的上方，将细长的香槟酒杯放置在水杯和其余杯子之间。

将沙拉叉放置在大餐盘左侧约 2.5cm 的地方，将正餐叉放置在沙拉叉的左边，鱼叉放置在正餐叉的左边。

将正餐刀（如果有肉菜的话，也可以放主菜刀）放置在大餐盘右侧约 2.5cm 的地方，将鱼刀放置在正餐刀的右边，黄油刀则放在黄油面包碟之上，其手柄斜对着客人。汤勺或者是开味品餐刀置于餐盘右侧，刀具的右边。

甜点餐叉（或者勺子）可以水平放置在大餐盘之上，也可以在供应甜点时再拿给客人。

盐瓶位于胡椒粉瓶的右下方，胡椒粉瓶位于盐瓶的左上方，两者略成角度。一般将盐瓶和胡椒粉瓶置于整套餐具的最上边或者是两套餐具之间。

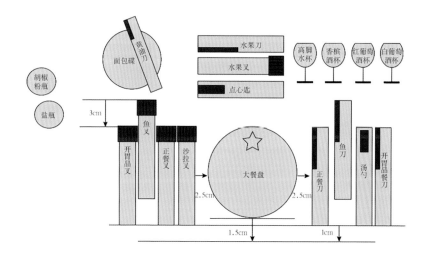

⑨ 装饰花艺

花艺设计不仅仅是单纯的各种花卉组合，也不是简单的造型，而是一种传神，形色兼备，以情动人，融生活、艺术为一体的艺术创作活动。花艺设计是用心创作花型，用花型来表达心态的一门造型艺术。

装饰画的悬挂方式

中式花艺	西式花艺	日式花艺

强调自然的抒情、优美朴实的表现、淡雅明秀的色彩、简洁的造型	总体注重花材外形，色彩艳丽浓厚，花材种类多、用量大，追求繁盛的视觉效果	以花材用量少、选材简洁为主流，把无生命的东西赋予新的生命力，具有独创精神

（1）花艺色彩与家居色彩要相宜

若空间环境色较深，花艺色彩以选择淡雅为宜；若空间环境色简洁明亮，花艺色彩则可以用得浓郁、鲜艳一些。另外，花艺色彩还可以根据季节变化来运用，最简单的方法为使用当季花卉作为主花材。

▲ 空间色彩淡雅，可选择深色花材

▲ 空间色彩深浓，可选择单色花材

（2）花卉与花卉之间的配色要和谐

一种色彩的花材，色彩较容易处理，只要用相宜的绿色材料相衬托即可；而涉及两三种花色则须对各色花材谨慎处理，应注意色彩的重量感和体量感。色彩的重量感主要取决于明度，明度高者显得轻，明度低者显得重。正确运用色彩的重量感，可使色彩关系平衡和稳定。例如，在插花的上部用轻色，下部用重色，或是体积小的花体用重色，体积大的花体用轻色。

▲ 小体积花材为重色，大体积花艺为轻色

▲ 花艺下部为重色，上部为轻色

⑩ 绿色植物

绿植为观叶、观花、观果植物的简称，因其耐阴性能强，可作为室内观赏植物在室内种植养护。在家居空间中摆放绿植不仅可以起到美化空间的作用，还能为家居环境带入新鲜的空气，塑造出一个绿色有氧空间。

（1）根据绿植特点搭配合适的容器

选择适合的容器来栽培不同的观赏植物，不仅能够让它们各自独特的美得到升华，还能提升观赏价值。例如多肉植物适合栽种在图案比较活泼的容器中，像文竹等一些摆放在安静环境中的植物，适合陶土烧制的褐色花盆中。

▶ 角落里可摆放大型的绿植，既美化空间，又不会遮挡视线

（2）绿植在家居中的摆放不宜过多、过乱

一般来说，居室内绿化面积最多不得超过居室面积的 10%，这样室内才有一种扩大感，否则会使人觉得压抑，且植物高度不宜超过 2.3m。另外，在选择花卉造型时，还要考虑家具的造型。如在长沙发后侧，摆放一盆高而直的绿色植物，就可以打破沙发的僵直感，产生一种高低变化的节奏感。

▶ 透明玻璃容器令水培绿植更显清爽